自制
养生豆浆
速查全书

张明 编著

营养美味豆浆　呵护全家健康

天津出版传媒集团

天津科学技术出版社

图书在版编目（CIP）数据

自制养生豆浆速查全书 / 张明编著 . —天津：天津科学
技术出版社，2013.8（2024.8 重印）

ISBN 978-7-5308-8166-8

Ⅰ . ①自… Ⅱ . ①张… Ⅲ . ①豆制食品—饮料—制作
Ⅳ . ① TS214.2

中国版本图书馆 CIP 数据核字（2013）第 177178 号

自制养生豆浆速查全书
ZIZHI YANGSHENG DOUJIANG SUCHA QUANSHU

策划编辑：杨　䙫

责任编辑：孟祥刚

责任印制：刘　彤

出　　版：天津出版传媒集团

　　　　　天津科学技术出版社

地　　址：天津市西康路 35 号

邮　　编：300051

电　　话：（022）23332490

网　　址：www.tjkjcbs.com.cn

发　　行：新华书店经销

印　　刷：德富泰（唐山）印务有限公司

开本 889×1 194　1/24　印张 5　字数 61 000

2024 年 8 月第 1 版第 3 次印刷

定价：58.00 元

中国人喝豆浆的传统由来已久，早在西汉年间，豆浆就在民间流传开来。如今，豆浆也是许多家庭早餐的必备饮品。它营养丰富、制作方便且价位不高，深受老百姓的青睐和推崇。

传统医学认为，豆浆性质平和，具有补虚润燥、清肺化痰的功效。春、秋饮用豆浆，可滋阴润燥；夏季饮用豆浆，可生津解渴；冬季饮用豆浆可滋养进补。《本草纲目》上记载："豆浆，利水下气，制诸风热，解诸毒。"《黄帝内经》上记载"豆浆性质平和，具有补虚润燥、清肺化痰的功效"。豆浆中含有大豆皂苷、异黄酮、大豆低聚糖等具有显著保健功能的特殊因子，对高血压、高血脂、糖尿病、冠心病等患者具有一定的食疗保健作用，并有平补肝肾、防老抗癌、美容润肤、增强免疫力等功效，因此豆浆被科学家称为"心脑血管保健液"和"21世纪餐桌上的明星"。

随着健康理念的深入，自己动手制作豆浆的人越来越多。只要拥有一台豆浆机，就可以轻轻松松在家制作豆浆，既健康又卫生，还能随时喝得美味、新鲜。但是，尽管豆浆营养丰富，由不同配料做成的豆浆却有着不同的食用禁忌和食疗功效，食用不得当不仅起不到应有的保健功效，还可能对健康造成不利影响。为帮助读者制作适合自己的豆浆，我

前言

们编写了《自制养生豆浆速查全书》，力求用最健康、易得的食材，搭配出最可口的方案，把最简单、快捷的制作方法告诉大家。

本书共介绍了近300种不同口味和功效的豆浆饮品，包括原味豆浆、五谷干果豆浆、健康蔬菜豆浆、营养水果豆浆等简单易做的家常经典豆浆，具有健脾和胃、护心去火、固肾益精等不同功效的保健豆浆，养颜、护发、抗衰豆浆，以及适合孕妇、幼儿、老年人等不同人群的豆浆，不同季节适宜饮用的豆浆。并且介绍了各种豆浆治病食疗方等，同时对各类豆浆的营养成分、养生功效、食用方法、食用禁忌等进行了详细的介绍。此外，还介绍了豆浆机的挑选、豆浆的保存以及制作豆浆需要注意的细节等。

书中每一款豆浆都有清晰的步骤讲解，并配有精美的图片。图文并茂、方法简单，可指导您轻松制作出美味营养的豆浆，呵护家人健康。相信，本书定会是您全家人的健康保健必备书。

目录

第三篇
豆浆保健方——喝出身体好状态

健脾和胃

第四篇
豆浆养颜方——好身材，好容颜

自制养生豆浆速查全书

第六篇
四季养生豆浆——因时调养，喝出四季安康

第七篇
豆浆食疗方——既能祛病又饱口福

第一篇

在家做豆浆，轻松又健康

流传千年的养生豆浆

　　豆浆是深受大家喜爱的一种饮品，也是一种老少皆宜的营养食品，它在欧美享有"植物奶"的美誉。随着豆浆营养价值的广为流传，关于豆浆所承载的历史文化，也引发了人们的关注。那么，我们祖祖辈辈都在食用的豆浆，它的来历究竟是怎样的呢？

　　传说，豆浆是由西汉时期的刘安创造的。淮南王刘安很孝顺，有一次他的母亲患了重病，他请了很多医生用了很多药，母亲的病总是不见起色。慢慢地，他的母亲胃口变得越来越差，而且还出现了吞咽食物困难的现象。刘安看在眼里，急在心头。因为他的母亲很喜欢吃黄豆，但由于黄豆相对比较硬，吃完之后不好消化，所以刘安每天把黄豆磨成粉状，再用水冲泡，以方便母亲食用，这就是豆浆的雏形。或许是因为豆浆的养生功效，又或者是因为刘安的孝心感动了上天，其母亲在喝了豆浆之后，身体逐渐好转起来。后来，这道因为孝心而成的神奇饮品，就在民间流传开来。

　　考古发现，关于豆浆的最早记录是在一块中国出土的石板上，石板上刻有古代厨房中制作豆浆的情形。经考古论证，石板的年份为公元 5 ～ 220 年。公元 82 年撰写的《论行》的 1 个章节中，也提到过豆浆的制作。

　　不管是考古论证还是民间传说，都说明豆浆在中国已经走过了千年的历史，而且至今仍旧焕发着强大的生命力。实际上，豆浆不仅是在中国受欢迎，还越来越多地赢得了全世界人们的喜爱。

营养均衡，不可缺豆

传统饮食讲究"五谷宜为养，失豆则不良"，"五谷"是指小米、大米、高粱、小麦、豆类等种子，这句话的意思是说五谷是有营养的，但如果没有豆子的相助就会失去平衡。大家不要以为只有鸡鸭鱼肉才营养丰富，实际上富含蛋白质的豆类也是非常具有营养价值的。

不光中医对豆类食物很推崇，现代营养学也证明，1个人如果能坚持每天食用豆类食物，两周后，身体的脂肪含量就会降低，并且增加机体免疫力，降低患病的可能性。因此，有的营养学家建议用豆类食物代替一定量的肉类食物，这样不但能解决现代人营养过剩的问题，也能调理营养不良。

为何大豆对人体有这么大的益处呢？下面的两个表格中，表一是大豆中所含的成分与人体需要量的对比。表二是大豆中各种维生素的含量。

表一										
项目	蛋白质	异黄酮	低聚糖	皂苷	膳食纤维	各种维生素	微量元素	磷脂	大豆油	核酸
大豆成分（%）	40	0.05~0.07	7~10	0.08~0.10	20		4~4.5	1.5~3	18~20	0.1~0.2
人体需要量/天	91mg	40mg	10~20g	30~50mg	25~35mg	149.4mg			350mg	400mg

表二											
名称	胡萝卜素	硫胺素（维生素 B_1）	核黄素（维生素 B_2）	烟酸	泛酸	维生素 B_6	生物素	叶酸	肌醇	胆碱	维生素 C
含量 mg/g	0.2~2.4	0.79	0.25	2.0~2.5	12	6.4	0.6	2.3	1.9~2.6	3.4	0.2

　　人的生命活动之所以能进行，全要靠碳水化合物、脂肪、蛋白质、维生素、矿物元素及水等一些生理活性物质的帮助。从上述两个表中可以看出，人体需要的必要物质，都能在大豆的成分中发现踪影。所以，人们如果想要健康长寿，没有必要绞尽脑汁去寻求其他昂贵的保健品，大豆虽然价格低廉，但是营养全面。上到老年人，下到婴幼儿都可以服用大豆制成的豆浆，能够提高人体的代谢能力，达到健康长寿的目的。从营养均衡的角度来看，豆类食物不可缺少。

豆浆并非人人都适宜

　　豆浆受到大家的喜爱，是因为豆浆对身体的好处多多，它含有丰富的维生素、矿物质和蛋白质，对我们的健康很有益处。不过，豆浆并不是谁都适合喝，有的人饮用后对身体健康还会造成损害。
　　那么究竟什么样的人不宜喝豆浆呢？

1. 胃寒的人不宜喝豆浆

　　中医认为，豆浆是属寒性的，所以那些有胃寒的人，比如吃饭后消化不了，容易打嗝、嗳气的人不宜饮用。脾虚之人，有腹泻、胀肚的人也不宜饮用。

2. 肾结石患者不宜喝豆浆

　　豆类中的草酸盐可与肾中的钙结合，易形成结石，会加重肾结石的症状，所以肾结石患者不宜食用。

3. 痛风患者不宜喝豆浆

　　现代医学认为，痛风是由嘌呤代谢障碍所导致的疾病。黄豆中富含嘌呤，且嘌呤是亲水物质，因此，黄豆磨成豆浆后，嘌呤含量比其他豆制品要多出几倍。正因如此，豆浆不适宜痛风病人饮用。

4. 乳腺癌高危人群不要大量喝豆浆

豆浆中的异黄酮对女性身体有保健作用，但是如果摄入高剂量的异黄酮素不但不能预防乳腺癌，还有可能刺激到癌细胞的生长。所以，有乳腺癌危险因素的女性最好不要长期大量喝豆浆。

5. 贫血的人不宜长期喝豆浆

黄豆与其他保健食材搭配，虽然有利于贫血患者的健康，但是因为黄豆本身的蛋白质能阻碍人体对铁元素的吸收，如果过量地食用黄豆制品，黄豆蛋白质可抑制正常铁吸收量的90%，人会出现不同程度的疲倦、嗜睡等缺铁性贫血症状。所以，贫血的人不要长期过量喝豆浆。

实际上，豆浆的养生作用是有目共睹的，但是我们不能因此而"神话"豆浆，也不能因为豆浆的一些副作用而谈其色变。毕竟长期过量摄入豆浆，才会出现不良作用，一般人的正常饮用不会出现问题。成年人每次饮用250～350毫升豆浆，儿童每次饮用200～230毫升，属于正常的饮用量。

挑选适合自己的豆浆机

一杯好喝的营养豆浆，离不开家用豆浆机的帮忙。面对着市场上形形色色的豆浆机，如何选择自己理想的那一款呢？下面介绍几个挑选豆浆机时的注意事项，希望可以帮助大家选到心仪的豆浆机。

1. 豆浆机的容量

根据家庭的人口数量选择豆浆机容量，一般而言，家里是1～2口人的，可以选择800～1000毫升，家里是 2 ~ 3 人的，可以选择 1000 ~ 1300 毫升，家中人口在 4 人以上的，豆浆机的容量可以选择 1200 ~ 1500 毫升。

2. 看品牌选择豆浆机

　　名牌豆浆机一般都经过多年的市场检验，所以在性能上比较完善。有的时候，消费者贪图便宜买的产品质量不好，又得不到良好的售后服务，徒增烦恼。另外，还要看厂家是否为专业的豆浆机品牌，有些产品并非自产而是从其他处购得产品后直接贴上自己的牌子，这样的产品质量保障可能会成为问题。所以，为了放心一些，豆浆机购买时宜选专业的品牌豆浆机。

3. 检查豆浆机的安全性能

　　大家之所以在家自己用豆浆机做豆浆，恐怕多是因为这样的豆浆喝起来更安全。既然如此，对于机器的安全性更是不能忽视。在挑选豆浆机时，一定要检查电源插头、电线等，还要注意豆浆机是否有国家级质量安全体系认证的产品，如 3C 认证、欧盟 CE 认证等。

4. 注意机器的构造和设计

　　（1）看豆浆机的刀片和电机是否合理决定着豆子的粉碎程度，也决定了出浆率的高低，影响着豆浆的营养和口味。好的刀片应该具有一定的螺旋倾斜角度，当刀片旋转起来的时候，能够形成 1 个碎豆的立体空间，因为巨大的离心力甩浆，还能将豆中的营养充分释放出来。平面刀片只是在 1 个平面上旋转碎豆，碎豆的效果不是很好。

　　（2）看豆浆机的加热装置，宜选择加热管下半部是小半圆形的豆浆机，这样更易于洗刷和装卸网罩。对于厂家而言，这样的加热管技术难度大、成本高。有的豆浆机加热管下半部是大半圆形，不建议选择。

　　（3）有网罩的豆浆机，还需要看网罩的工艺技术。好的网罩网孔按人字形交叉排列，密而均匀，孔壁光滑平整，劣质的网罩做不到这一点。选购时可以举起网罩从外往里看，如果网罩的透明度高、网孔的排列有序则属于优质网罩。

　　（4）看豆浆机是否采用了"黄金比例"

设计，豆量与水量的比例、水的温度、磨浆时间、煮浆时间等因素的组合是否达到最佳效果，豆浆需要在第一次煮沸后再延煮 4 ～ 5 分钟最为理想，如果延煮时间太短则豆浆煮不熟，太长则易破坏豆浆中的营养物质。

（5）看豆浆机的特殊功能有无必要，有的豆浆机宣称能够保温存储，有的豆浆机则直接在机内用泡豆水打浆，有的建议打干豆……实际上，豆浆在存储的时候，都需冷藏保存，否则极易变质。那些利用定时功能直接用泡豆水磨浆的，既不卫生又很难喝；而直接用干豆做出的豆浆，则会影响大豆营养的吸收。所以说大家在选择豆浆机的时候，不要被那些五花八门的功能所迷惑，以免买到不合适的产品。

豆浆的制作方法

厨房小家电的便利，使我们在家能够轻轻松松制作豆浆。如果你有一台家用豆浆机，那么就可以参照我们下面的方法来制作豆浆了。

第一步，精选豆子。豆子等谷物是我们在做豆浆时的基本材料。在做豆浆前，我们首先要挑出坏豆、虫蛀过的豆子以及豆子中的杂质和沙石，保证豆浆的品质。

第二步，浸泡豆子。先清洗豆子和米等谷物，然后进行充分的浸泡。一般而言，豆子的浸泡时间在 6 ～ 12 小时即可，夏季的时候，时间可缩短，冬季则适当延长。时间要掌握好，如果太长，黄豆会变馊，以黄豆明显变大为准。米类谷物在 2 ～ 6 小时的浸泡时间比较合适。

第三步，磨豆浆。磨豆浆非常容易，直接按照豆浆机中附带的说明就可以了。先将泡发后的豆子放入豆浆机中，然后加入适量的水，再启动豆浆机。十几分钟或 20 分钟后，香浓美味的豆浆就做好了。

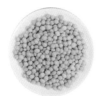 

喝不完的豆浆如何保存

因为食品安全问题的频繁发生，豆浆机成了老百姓生活中炙手可热的家用电器。不过，很多人发现自家买的豆浆机一次制作的量，往往都喝不完，以至于造成了不必要的浪费。那么，有没有什么好办法能将豆浆保存的时间更长一些呢？

第一，需要准备1个或两个密闭的洁净容器，比如太空瓶或者罐头瓶。

第二，每次需要用沸水将器皿烫一下杀菌，然后将煮沸后的豆浆分别倒入器皿中。留出五分之一的空隙，盖子松松地盖上，不要拧紧。

第三，稍微放几秒钟的热气，就可以将盖子拧到最紧。然后在屋内让其自然冷却。

第四，等豆浆冷却后，再将它放入冰箱的冷藏层中。这样就可以储藏两三天了。

这种保存方式的原理是，先用高温将豆浆中的细菌杀死，然后趁热放入杀过菌的瓶内，盖上盖子等待冷却。瓶子里的空气在冷却后收缩形成负压，使瓶子密封得很严实，这样瓶内的细菌杀掉了，外面的细菌又进不去，豆浆就可以更卫生一些。

等到需要喝的时候，再把豆浆从冰箱中取出来，重新加热一下就可以了。

解读豆浆中的八大营养素

豆浆的营养价值很高，是其他食物无法比拟的，更为可喜的是豆浆中的胆固醇含量几乎等于零。豆浆中主要有八大营养素，它们分别是大豆蛋白、大豆皂素、大豆异黄酮、大豆卵磷脂、脂肪、寡糖、B族维生素和维生素E、矿物质类等。现在就分别介绍一下这八大营养素对我们身体的健康作用。

1. 大豆蛋白质

大豆蛋白是大豆的最主要成分，含量约为38%以上，是谷类食物的4～5倍。大豆蛋白质属于植物性蛋白质。它的氨基酸组成与牛奶蛋白质相近，除了蛋氨酸含量略低外，其余必需的氨基酸含量都很丰富，在营养价值上，可与动物蛋白相媲美。另外，大豆蛋白在基因结构上也最接近人体氨基酸。就平衡地摄取氨基酸而言，豆浆可算是最理想的食品。

2. 皂素

有的豆浆喝起来总是带着少许的涩味，其实这种涩味就是皂素造成的。

皂素有 1 个最明显的效果，就是能够抗氧化，即抑制活性氧的作用。同时，皂素还能补助体内的抗氧化物质，所以能够产生强力的抗氧化作用。对于女性来说，皂素可以说是女人追求美丽的好帮手，因为皂素能够预防因为晒太阳造成的黑斑、雀斑等皮肤的老化症状。

另外，大豆皂素还具有乳化作用，引起油水混合，并且促进食物纤维吸附胆汁酸，降低体液中的胆固醇值。它还能减少甘油三酯、防止肥胖，对预防动脉硬化也有效果。

3. 大豆异黄酮

豆浆中的大豆异黄酮与雌激素的分子结构非常相似，能够与女性体内的雌激素受体相结合，对雌激素起到双向调节的作用，所以又被称为"植物雌激素"。

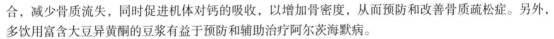

研究发现，亚洲人（尤其是日本人）乳腺癌、心血管疾病、更年期潮热的发病率明显低于欧美等国，1 个很重要的原因就是东西方不同的膳食结构使得亚洲人有机会摄取到更多的豆制品。也就是说大豆异黄酮摄入的差异，是导致东西方疾病发病率不同的主要原因。

另外，大豆异黄酮还可与骨细胞上的雌激素受体结合，减少骨质流失，同时促进机体对钙的吸收，以增加骨密度，从而预防和改善骨质疏松症。另外，多饮用富含大豆异黄酮的豆浆有益于预防和辅助治疗阿尔茨海默病。

4. 大豆卵磷脂

"大豆卵磷脂"是大豆所含有的一种脂肪，为磷质脂肪的一种。卵磷脂主要存在于蛋黄、大豆、动物内脏器官。作为一种保健品，卵磷脂曾经在 20 世纪 70 年代风行于美国和日本，它的化学名为磷脂酰胆碱。因为卵磷脂健脑强身以及防止衰老的特殊功效，长期以来，在保健食品排行榜上位居首位。

大豆卵磷脂，顾名思义，从大豆中提取，可谓"精华之中的精华"。因为大豆卵磷脂取之于食品，不会产生任何不良作用。据世界卫生组织（WHO）专门委员会报告：食用卵磷脂比食用维生素更安全。一般而言，如果 1 个人每天食用 5 ~ 8 克的大豆卵磷脂，坚持 2 ~ 4 月就可降低胆固醇，并且没有任何副作用。假如与维生素 E 配合使用，不仅维生素 E 可以防止大豆卵磷脂中不饱和脂肪酸的氧化，而且卵磷脂也有助于维生素 E 的吸收，效果更佳。

5. 脂肪

大豆约含有 20% 的脂肪。一提起脂肪，很多人都会想到肥胖，而不敢去碰它。其实大豆所含的脂肪称为不饱和脂肪，乃是身体所必需的物质。这些不饱和脂肪中，有很多种是人体所无法生成的，所以必须时常摄取。

大豆中的不饱和脂肪酸，主要有亚油酸、亚麻酸、油酸等。

亚油酸与亚麻酸是必需脂肪酸，是对人体很重要的物质。亚油酸对于儿童大脑和神经发育，以及维持成年人的血脂平衡、降低胆固醇，都发挥着更重要的作用。如果亚油酸缺乏，将使生长停滞、体重减轻、皮肤成鳞状并使肾脏受损，婴儿可能患湿疹；亚麻酸则能起到降低血液黏稠度，促进胆固醇代谢，提高智力等作用。

虽然亚油酸和亚麻酸对人体很重要，但是它们很容易氧化。所幸豆浆含有丰富的维生素 E，能够防止细胞的氧化。另外，亚油酸也能够减少有害人体的胆固醇。由此就不难明白为何大豆的脂肪是对人体很有益处的。

6. 寡糖

豆浆即使不加糖，也有一股淡淡的香味，这其实就是寡糖的作用。大豆的寡糖只存在于成熟的豆子里面，所以豆芽菜与毛豆并不含有寡糖。

寡糖对肠道非常有益处，而豆浆也含有丰富的寡糖。寡糖可作为体内比菲德氏菌等有益菌生长繁殖的养料，而压抑有害菌种的生存空间，促成肠道菌群生态健全。如此可增加营养的吸收效率，减少肠道有害毒素的产生，延缓老化、维持免疫机能、减少肠道生长及恶性肿瘤的危险。和乳酸菌、膳食纤维等物质一样，它也是整肠、体内环保、促进正常排便的好帮手。

7. B 族维生素和维生素 E

大豆所含有的 B 族维生素和维生素 E 十分丰富。B 族维生素由维生素 B_1、维生素 B_2、烟酸、维生素 B_6、叶酸、维生素 B_{12}、泛酸、生物素等水溶性维生素组成。维生素 B_1 是葡萄糖代谢成热量过程中重要的辅酶素，如果缺乏维生素 B_1，葡萄糖的新陈代谢就会受阻，热量的供应就会出问题。

维生素 B_2 在保持健康的皮肤与黏膜方面担任着很重要的任务，如果缺乏，会造成口角、舌头与眼睛的病变。有些研究还认为学童近视与缺乏维生素 B_2 有关。

维生素 E 号称为保持年轻的维生素，它最重要的生理功能就是抗氧化的能力。人体需要氧气燃烧养料产生热量，但如果氧化的过程控制不当，就会产生自由基，伤害细胞。维生素 E 能有效地消除自由基，防止体内的氧化，所以对预防生活习惯病，阻止皮肤的老化很有功效。

8. 矿物质类

海藻、海带、裙带菜等含有丰富的矿物质，这是众所周知的。实际上，豆浆中也含有丰富的矿物质。其中，钾能够促进钠的排泄，调整血压。镁能够促进血管、心脏、神经等的活动，植物性的铁难以被身体所吸收，但是豆浆中的铁例外，它很容易被吸收，同时又能够帮助氧气的供给。

从上面对豆浆营养成分的分析中，我们能够看出豆浆中所含的各种成分对人体健康都有良好的效果。如果单独摄取这些成分，可能要耗费很多的时间，但是，一杯简简单单的豆浆就可以帮助我们一次性地摄取多种成分。需要注意的是，想要均衡营养，只喝一两次豆浆是不够的，它需要长期持续地喝下去才能见效。

第二篇

经典当家豆浆——又简单又营养

经典原味豆浆

【养生功效】"豆中之王" 保健康

黄豆浆

【材料】 黄豆80克，白糖适量、清水适量。

【做法】 ❶将黄豆洗净，在清水中浸泡6～12小时。❷将泡好的黄豆放入豆浆机，加水，启动机器，煮至豆浆做好并过滤。❸根据个人的口味，趁热往豆浆中加入适量白糖调味即可。

生大豆含消化酶抑制剂及过敏因子等，食后最易引起恶心、呕吐、腹泻等症，故必须彻底将豆浆煮熟以后才能食用。另外，喝豆浆的时候还要注意干稀搭配，因为豆浆中的蛋白质在淀粉类食品的作用下，能够更加充分地被人体吸收。与此同时，若能再食用蔬菜和水果，更有利于营养平衡。

【养生功效】营养补肾

黑豆浆

【材料】 黑豆80克，白糖适量、清水适量。

【做法】 ❶将黑豆清洗干净后，在清水中浸泡6～12小时，泡至发软。❷将泡好的黑豆放入豆浆机的杯体中，并加水至上下水位线之间，启动机器，煮至豆浆机提示豆浆做好并过滤。❸根据个人的口味，趁热往豆浆中加入适量白糖调味。患有糖尿病、高血压、高血脂等疾病者不宜吃糖，可用蜂蜜代替。

黑豆有解药毒的作用，同时亦可降低中药功效，所以正在服中药者忌食黑豆；消化不良、食积腹胀者不宜食用黑豆，否则会加重腹胀。

【养生功效】清热去火

绿豆浆

【材料】 绿豆80克，白糖适量，清水适量。

【做法】 ❶将绿豆清洗干净后，在清水中浸泡6～12小时。❷将泡好的绿豆放入豆浆机的杯体中，并加水至上下水位线之间，启动机器，煮至豆浆机提示豆浆做好并过滤。❸根据个人的口味，趁热往豆浆中加入适量白糖调味，老年人有糖尿病、高血压、高血脂等病者，不宜吃糖，可用蜂蜜代替。不愿喝甜豆浆的也可不加糖。

绿豆不宜煮得过烂，以免使有机酸和维生素遭到破坏，降低清热解毒功效。又因绿豆性凉，所以脾胃虚弱、体弱消瘦或夜多小便者不宜食用，另外进行温补的人也不宜饮用，以免失去温补功效。

青豆浆

【材料】青豆 100 克，白糖适量，清水适量。

【做法】❶将青豆清洗干净后，在清水中浸泡 6 ～ 12 小时。❷将浸泡好的青豆放入豆浆机的杯体中，并加水至上下水位线之间，启动机器，煮至豆浆机提示豆浆做好。❸将打出的豆浆过滤后，按个人口味趁热往豆浆中添加适量白糖或冰糖调味。糖尿病、高血压、高血脂等不宜吃糖的患者，可用蜂蜜代替。不喜甜者也可不加糖。

【贴士】青豆不宜久煮，否则会变色。老人、久病体虚人群不宜多食。患有脑炎、中风、呼吸系统疾病、消化系统疾病、泌尿系统疾病、传染性疾病以及神经性疾病者不宜食用。腹泻者勿食。

【养生功效】护肝，防癌症

红豆浆

【材料】红豆 100 克，白糖适量，清水适量。

【做法】❶将红小豆清洗干净后，在清水中浸泡 6 ～ 12 小时。❷将浸泡好的红小豆放入豆浆机的杯体中，并加水至上下水位线之间，启动机器，煮至豆浆机提示豆浆做好。❸将打出的豆浆过滤后，按个人口味趁热往豆浆中添加适量白糖或冰糖调味，患有糖尿病、高血压、高血脂等疾病者不宜吃糖，可用蜂蜜代替。或不加糖。

【贴士】尿多的人忌食红豆浆，体质属虚性者以及肠胃较弱的人不宜多食。饮用红豆豆浆时不宜同时吃咸味较重的食物，不然会削减其利尿的功效。另外，也不宜久服或过量食用红豆，否则会令人生热。

【养生功效】利尿消水肿

豌豆浆

【材料】豌豆 100 克，白糖适量，清水适量。

【做法】❶将豌豆清洗干净后，在清水中浸泡 6 ～ 12 小时。❷将泡好的豌豆放入豆浆机的杯体中，并加水至上下水位线之间，启动机器，煮至豆浆机提示豆浆做好并过滤。❸根据个人的口味，趁热往豌豆豆浆中加入适量白糖调味。

【贴士】豌豆不宜长期冷藏，买回来之后最好在 1 个月内吃完。搭配鸡蛋、肉干等富含氨基酸的食物，能大大提高豌豆豆浆的营养价值。豌豆中含有一种物质，会抑制精子生成，降低精子活力，渴望要孩子的男性不要过多食用。

【养生功效】润肠、清宿便

五谷干果豆浆

【养生功效】降血脂·延年益寿

花生豆浆

【材料】 黄豆 60 克，花生 20 克，白糖、清水适量。

【做法】 ❶将黄豆清洗干净后，在清水中浸泡 6～8 小时，泡至发软备用；花生去皮。❷将浸泡好的黄豆和去皮后的花生一起放入豆浆机的杯体中，并加水至上下水位线之间，启动机器，煮至豆浆机提示豆浆做好。❸将打出的豆浆过滤后即可饮用。

 贴士　一般人都可以食用花生豆浆，病后体虚、手术病人恢复期以及妇女孕期、产后进食花生都有补养效果。值得注意的是，胆管病、胆囊切除者不宜食用花生，另外，因为花生的热量比较高，所以不宜多食。

【养生功效】补脑益智

核桃豆浆

【材料】 核桃仁 1～2 个，黄豆 80 克，白糖或冰糖、清水适量。

【做法】 ❶将黄豆清洗干净后，在清水中浸泡 6～8 小时，泡至发软。❷将浸泡好的黄豆和核桃仁一起放入豆浆机的杯体中，并加水至上下水位线之间，启动机器，煮至豆浆机提示豆浆做好。❸过滤后，按个人口味趁热往豆浆中添加适量白糖或冰糖调味，患有糖尿病、高血压、高血脂等不宜吃糖的患者，可用蜂蜜代替。不喜甜者也可不加糖。

 贴士　因核桃含有较多的脂肪，因此一次不宜吃太多，否则会影响消化，以 20 克为宜。有的人喜欢将核桃仁表面的褐色薄皮剥掉，这样会损失一部分营养，所以吃的时候不要剥掉这层皮。

【养生功效】改善体虚体质

芝麻豆浆

【材料】 黑芝麻或白芝麻 5 克，黄豆 100 克，清水、白糖或冰糖各适量。

【做法】 ❶将黄豆清洗干净后，在清水中浸泡 6～8 小时，泡至发软备用；芝麻淘去沙粒。❷将浸泡好的黄豆和洗净的芝麻一起放入豆浆机的杯体中，加水至上下水位线之间，启动机器，煮至豆浆机提示豆浆做好。❸将打出的芝麻豆浆过滤后，按个人口味趁热往豆浆中添加适量白糖或冰糖调味即可饮用。

 贴士　《本草从新》中说："胡麻服之令人肠滑，精气不固者亦勿宜食。"也就是说患有慢性肠炎、便溏腹泻者忌食；根据传统经验，男子阳痿、遗精者也不宜食用芝麻豆浆。

杏仁豆浆

【材料】 杏仁 5 ~ 6 粒,黄豆 80 克,清水、白糖或冰糖各适量。

【做法】 ❶将黄豆洗净,在清水中浸泡 6 ~ 8 小时;干杏仁洗净后也要和黄豆一样泡软,不过若是新鲜的杏仁,只需略泡一下即可。❷将浸泡好的食材放入豆浆机,加水煮至豆浆做好。❸过滤后,按个人口味趁热添加适量白糖或冰糖调味。不宜吃糖的患者,可用蜂蜜代替,不喜甜者也可不加。

 杏仁豆浆一般人都可食用,尤其适合有呼吸系统疾病的人。不过,产妇、幼儿、病人,特别是糖尿病患者不宜食用。苦杏仁有毒,不可生食,入药多为煎剂。

【养生功效】滋润能补肺

米香豆浆

【材料】 大米 50 克,黄豆 30 克,清水、白糖或冰糖适量。

【做法】 ❶将黄豆清洗干净后,在清水中浸泡 6 ~ 8 小时,泡至发软备用;大米淘洗干净,用清水浸泡 2 小时。❷将浸泡好的黄豆同大米一起放入豆浆机的杯体中,添加清水至上下水位线之间,启动机器,煮至豆浆机提示米香豆浆做好。❸过滤后,按个人口味趁热添加适量白糖或冰糖调味。患有糖尿病、高血压、高血脂等不宜吃糖的患者,可用蜂蜜代替,不喜甜者也可不加糖。

 在淘米时,时间不可过长,因为淘米时搓洗次数越多、浸泡时间越长,营养素丢失的就越多。

【养生功效】补脾和胃

糙米豆浆

【材料】 糙米 50 克,黄豆 50 克,清水、白糖或蜂蜜适量。

【做法】 ❶将黄豆清洗干净后,在清水中浸泡 6 ~ 8 小时,泡至发软备用;糙米淘洗干净,用清水浸泡 2 小时。❷将浸泡好的黄豆同糙米一起放入豆浆机的杯体中,添加清水至上下水位线之间,启动机器,煮至豆浆机提示糙米豆浆做好。❸过滤后,按个人口味趁热添加适量白糖,或等豆浆稍凉后加入蜂蜜即可饮用。

 糙米等谷类外皮所含有的"非定"不利于钙及铁的吸收。因此,在喝糙米豆浆的时候,一定要注意钙及铁的摄取。尤其是女性每个月都会有月经来临,失铁量比男人多,不宜摄食太多糙米豆浆。

【养生功效】控制血糖

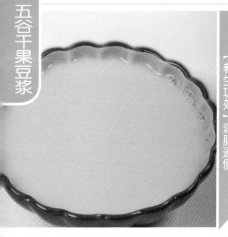

五谷干果豆浆

【养生功效】润肠通便

燕麦豆浆

【材料】 燕麦 50 克，黄豆 50 克，清水、白糖或蜂蜜适量。

【做法】 ❶将黄豆洗净，在清水中浸泡 6 ~ 8 小时；燕麦米淘洗干净，用清水浸泡 2 小时。❷将浸泡好的黄豆同燕麦一起放入豆浆机，加水煮至豆浆做好。❸过滤后，按个人口味趁热添加适量白糖，或等豆浆稍凉后加入蜂蜜即可饮用。

贴士

燕麦有催产作用，孕妇食用后易导致流产，故孕妇不宜食用；燕麦还有润肠作用，所以本身便溏腹泻者不宜食用，否则会加重症状。燕麦忌一次吃得太多，否则会造成胃痉挛或胃部胀气。

【养生功效】常喝不易肥胖

荞麦豆浆

【材料】 荞麦 50 克，黄豆 50 克，清水、白糖或冰糖适量。

【做法】 ❶将黄豆洗净后，在清水中浸泡 6 ~ 8 小时；荞麦淘洗干净，用清水浸泡 2 小时。❷将浸泡好的食材放入豆浆机，加水煮至豆浆做好。❸将打出的荞麦豆浆过滤后，按个人口味加糖调味即可。

贴士

荞麦一般人群都可食用，尤其适合肥胖症、高血压、糖尿病患者及中老年人。但一次不可食用太多，否则易造成消化不良。少数人有时可能会有皮肤瘙痒、头晕等过敏反应。脾胃虚寒、消化功能不佳及经常腹泻的人不宜食用。

【养生功效】健脾暖胃

糯米豆浆

【材料】 糯米 30 克，黄豆 70 克，清水、白糖或蜂蜜适量。

【做法】 ❶将黄豆洗净后，在清水中浸泡 6 ~ 8 小时；糯米淘洗干净，用清水浸泡 2 小时。❷将浸泡好的黄豆同糯米一起放入豆浆机的杯体中，添加清水至上下水位线之间，启动机器，煮至豆浆机提示糯米豆浆做好。❸过滤后，按个人口味趁热添加适量白糖或冰糖即可饮用。

贴士

中医认为糯米多食生热，易壅塞经络的气血，使筋骨酸痛的症状加重。所以有湿热痰火征象的人或者湿热体质者，比如发热、咳嗽、痰黄稠，或黄疸、泌尿系统感染、筋骨关节发炎疼痛患者及小孩与老人，不宜饮用糯米豆浆。

【养生功效】补益气血，宁心安神

【养生功效】滋补肝肾

【养生功效】养心安神

五谷干果豆浆

红枣豆浆

【材料】黄豆100克，红枣3个，清水、白糖或冰糖适量。

【做法】❶将黄豆清洗干净后，在清水中浸泡6～8小时，泡至发软备用；红枣洗干净后，用温水泡开。❷将浸泡好的黄豆和红枣一起放入豆浆机的杯体中，加水至上下水位线之间，启动机器，煮至豆浆机提示红枣豆浆做好。❸将打出的红枣豆浆过滤后，按个人口味趁热往豆浆中添加适量白糖或冰糖调味，不宜吃糖的患者，可用蜂蜜代替。

贴士 因为红枣的糖分含量较高，所以糖尿病患者应当少食或者不食。凡是痰湿偏盛、湿热内盛、腹部胀满者也忌食红枣豆浆。

枸杞豆浆

【材料】黄豆100克，枸杞5～7粒，清水、白糖或冰糖各适量。

【做法】❶将黄豆清洗干净后，在清水中浸泡6～8小时，泡至发软备用；枸杞洗干净后，用温水泡开。❷将浸泡好的黄豆和枸杞一起放入豆浆机的杯体中，添加清水至上下水位线之间，启动机器，煮至豆浆机提示枸杞豆浆做好。❸将打出的枸杞豆浆过滤后，按个人口味趁热往豆浆中添加适量白糖或冰糖调味，不宜吃糖的患者，可用蜂蜜代替。

贴士 枸杞虽然具有很好的滋补作用，但也不是所有的人都适合服用的。由于它温热身体的效果相当强，正在感冒发烧、身体有炎症、腹泻的人最好别吃，同时，性欲亢进者不宜服用，糖尿病患者要慎用。

莲子豆浆

【材料】莲子40克，黄豆60克，清水、白糖或冰糖适量。

【做法】❶将黄豆清洗干净后，在清水中浸泡6～8小时，泡至发软备用，莲子清洗干净后略泡。❷将浸泡好的黄豆、莲子一起放入豆浆机的杯体中，添加清水至上下水位线之间，启动机器，煮至豆浆机提示莲子豆浆做好。❸将打出的莲子豆浆过滤后，按个人口味趁热添加适量白糖或冰糖调味，不宜吃糖的患者，可用蜂蜜代替。不喜甜者也可不加糖。

贴士 莲子有清心火、祛除雀斑的作用，但不可久煎。中满痞胀及大便燥结者，忌服莲子豆浆。莲子豆浆不能与牛奶同服，否则易加重便秘。

【养生功效】健脾胃，增食欲

板栗豆浆

【材料】 板栗 10 个，黄豆 80 克，清水、白糖或冰糖适量。

【做法】 ❶将黄豆清洗干净后，在清水中浸泡 6 ~ 8 小时，泡至发软备用；板栗去壳，在温水中略泡，去除内皮，切碎。❷将浸泡好的黄豆、板栗一起放入豆浆机的杯体中，添加清水至上下水位线之间，启动机器，煮至豆浆机提示板栗豆浆做好。❸将打出的板栗豆浆过滤后，按个人口味趁热添加适量白糖或冰糖调味，不宜吃糖的患者，可用蜂蜜代替。不喜甜者也可不加糖。

【贴士】 板栗生吃难消化，熟食又容易滞气，一次吃得太多会伤脾胃，每天最多吃 10 个就可以了。

【养生功效】降低血脂

榛仁豆浆

【材料】 榛仁 40 克，黄豆 60 克，清水、白糖或冰糖适量。

【做法】 ❶将黄豆清洗干净后，在清水中浸泡 6 ~ 8 小时，泡至发软备用；榛仁清洗干净后在温水中略泡，碾碎。❷将浸泡好的黄豆、榛仁一起放入豆浆机的杯体中，添加清水至上下水位线之间，启动机器，煮至豆浆机提示榛仁豆浆做好。❸将打出的榛仁豆浆过滤后，按个人口味趁热添加适量白糖或冰糖调味，不宜吃糖的患者，可用蜂蜜代替。不喜甜者也可不加糖。

【贴士】 癌症、糖尿病人也可食用。

【养生功效】提高抗病能力

腰果豆浆

【材料】 腰果 40 克，黄豆 60 克，清水、白糖或冰糖适量。

【做法】 ❶将黄豆清洗干净后，在清水中浸泡 6 ~ 8 小时，泡至发软备用；腰果清洗干净后在温水中略泡，碾碎。❷将浸泡好的黄豆、腰果一起放入豆浆机的杯体中，添加清水至上下水位线之间，启动机器，煮至豆浆机提示腰果豆浆做好。❸将打出的腰果豆浆过滤后，按个人口味趁热添加适量白糖或冰糖调味，不宜吃糖的患者，可用蜂蜜代替。不喜甜者也可不加糖。

【贴士】 选购腰果时，如果有黏手或受潮现象，表示鲜度不够。

玉米豆浆

【材料】黄豆 60 克，鲜玉米粒 40 克，银耳、枸杞、清水、白糖或冰糖适量。

【做法】❶黄豆洗净，在清水中泡至发软备用；玉米粒，清洗干净；银耳、枸杞加水泡发。❷将上述食材一起放入豆浆机的杯体中，加水煮至豆浆机提示玉米豆浆做好。❸将打出的玉米豆浆过滤后，按个人口味趁热往豆浆中添加适量白糖或冰糖调味，也可用蜂蜜代替。

【贴士】因为玉米本身就含有较多的纤维素，所以玉米不宜与富含纤维的食物搭配食用。玉米中含有的烟酸不能被人体吸收利用，所以不可偏食，否则会造成这些营养成分的缺乏，导致营养不良。

【养生功效】多喝能抗癌

黑米豆浆

【材料】黑米 50 克，黄豆 50 克，清水、白糖或蜂蜜适量。

【做法】❶将黄豆清洗干净后，在清水中浸泡 6 ~ 8 小时，泡至发软备用；黑米淘洗干净，用清水浸泡 2 小时。❷将浸泡好的黄豆同黑米一起放入豆浆机的杯体中，添加清水至上下水位线之间，启动机器，煮至豆浆机提示黑米豆浆做好。❸将打出的黑米豆浆过滤后，按个人口味趁热添加适量白糖，或等豆浆稍凉后加入蜂蜜即可饮用。

【贴士】市面上有些黑米是假冒品，在购买的时候可以将米粒外面皮层全部刮掉，观察米粒是否呈白色，如果是呈白色，就极有可能是人为染色的黑米。

【养生功效】养颜抗衰老

黑枣豆浆

【材料】黄豆 100 克，黑枣 3 个，清水、白糖或冰糖适量。

【做法】❶黄豆洗净后，在清水中浸泡 6 ~ 8 小时；黑枣洗干净后，用温水泡开。❷将浸泡好的黄豆和黑枣一起放入豆浆机，加水煮至豆浆做好。❸将打出的黑枣豆浆过滤后，按个人口味趁热往豆浆中添加适量白糖或冰糖调味，不宜吃糖者，可用蜂蜜代替，也可不加糖。

【贴士】黑枣含有大量果胶和鞣酸，这些成分与胃酸结合，会在胃里结成硬块，所以不宜空腹食用。黑枣和红枣一起食用，可大大增强保护肝脏的功效。黑枣不宜多吃，过多食用会引起胃酸过多和腹胀。

【养生功效】补血、抗衰老

【养生功效】补脾健肺

黄米豆浆

【材料】 黄米50克，黄豆50克，清水、白糖或蜂蜜适量。

【做法】 ❶将黄豆清洗干净后，在清水中浸泡6～8小时，泡至发软备用；黄米淘洗干净，用清水浸泡2小时。❷将浸泡好的黄豆同黄米一起放入豆浆机的杯体中，添加清水至上下水位线之间，启动机器，煮至豆浆机提示黄米豆浆做好。❸将打出的黄米豆浆过滤后，按个人口味趁热添加适量白糖，或等豆浆稍凉后加入蜂蜜即可饮用。

贴士 身体燥热者禁食黄米豆浆。

【养生功效】补血益气

紫米豆浆

【材料】 紫米50克，黄豆50克，清水、白糖或蜂蜜适量。

【做法】 ❶将黄豆清洗干净后，在清水中浸泡6～8小时，泡至发软备用；紫米淘洗干净，用清水浸泡2小时。❷将浸泡好的黄豆同紫米一起放入豆浆机的杯体中，添加清水至上下水位线之间，启动机器，煮至豆浆机提示紫米豆浆做好。❸将打出的紫米豆浆过滤后，按个人口味趁热添加适量白糖，或等豆浆稍凉后加入蜂蜜即可饮用。

贴士 紫米质地较硬，最好和其他谷物混合食用。肠胃不好的人不宜多食。

【养生功效】健脾、补肺、化痰

西米豆浆

【材料】 西米50克，黄豆50克，清水、白糖或蜂蜜适量。

【做法】 ❶将黄豆清洗干净后，在清水中浸泡6～8小时，泡至发软备用；西米淘洗干净，用清水浸泡2小时。❷将浸泡好的黄豆同西米一起放入豆浆机的杯体中，添加清水至上下水位线之间，启动机器，煮至豆浆机提示西米豆浆做好。❸将打出的西米豆浆过滤后，按个人口味趁热添加适量白糖，或等豆浆稍凉后加入蜂蜜即可饮用。

贴士 糖尿病患者忌食。

高粱豆浆

【材料】 高粱米 50 克，黄豆 50 克，清水、白糖或冰糖适量。

【做法】 ❶将黄豆清洗干净后，在清水中浸泡 6 ~ 8 小时，泡至发软备用；高粱米淘洗干净，用清水浸泡 2 小时。❷将浸泡好的黄豆和高粱米一起放入豆浆机的杯体中，添加清水至上下水位线之间，启动机器，煮至豆浆机提示高粱豆浆做好。❸将打出的高粱豆浆过滤后，按个人口味趁热添加适量白糖或冰糖调味，不宜吃糖的患者，可用蜂蜜代替。不喜甜者也可不加糖。

 贴士 大便干燥者不宜多吃高粱，糖尿病患者应禁食高粱。

【养生功效】健脾、助消化

黄金米豆浆

【材料】 黄金米 50 克，黄豆 50 克，清水、白糖或蜂蜜适量。

【做法】 ❶将黄豆清洗干净后，在清水中浸泡 6 ~ 8 小时，泡至发软备用；黄金米淘洗干净，用清水浸泡 2 小时。❷将浸泡好的黄豆同黄金米一起放入豆浆机的杯体中，添加清水至上下水位线之间，启动机器，煮至豆浆机提示黄金米豆浆做好。❸将打出的黄金米豆浆过滤后，按个人口味趁热添加适量白糖，或等豆浆稍凉后加入蜂蜜即可饮用。

 贴士 血脂高的人在饮用黄金米豆浆的时候，还要注意控制胆固醇摄入，忌食含胆固醇高的食物，如动物内脏、蛋黄、鱼子、鱿鱼等食物。

【养生功效】美味降血脂

五谷豆浆

【材料】 黄豆 40 克，大米、小米、小麦仁、玉米渣各 20 克，清水、白糖或冰糖适量。

【做法】 ❶黄豆洗净，在清水中浸泡 6 ~ 8 小时；大米、小米、小麦仁、玉米渣淘洗干净。❷将上述食材一起放入豆浆机，加水煮至豆浆机提示五谷豆浆做好。❸过滤后，按个人口味趁热添加适量白糖或冰糖调味，不宜吃糖的患者，可用蜂蜜代替。不喜甜者也可不加糖。

 贴士 除了用传统的黄豆，以及大米、小米、小麦仁、玉米外，五谷豆浆还可以做出很多花样，黑米、荞麦、燕麦、红豆、高粱、绿豆等都可以成为五谷豆浆的配料。

【养生功效】老少皆宜

五谷干果豆浆

五豆豆浆

【养生功效】营养均衡

【材料】 黄豆、黑豆、扁豆、红豆、绿豆各20克，清水、白糖适量。

【做法】 ❶ 将黄豆、黑豆、扁豆、红豆、绿豆洗净，在清水中浸泡6～8小时。❷ 将浸泡好的食材一起放入豆浆机，加水煮至豆浆机提示五豆豆浆做好。❸ 将打出的五豆豆浆过滤后，按个人口味趁热添加适量白糖或冰糖调味，不宜吃糖的患者，可用蜂蜜代替。

 贴士　肾炎、肾衰竭以及糖尿病并发肾病的病人应采用低蛋白饮食，为了保证身体的基本需要，应选用适量必需氨基酸低的食品，与动物性蛋白相比，豆类含非必需氨基酸较高，所以不宜饮用这款豆浆。

小米豆浆

【养生功效】养脾胃

【材料】 小米50克，黄豆50克，清水、白糖或蜂蜜适量。

【做法】 ❶ 将黄豆清洗干净后，在清水中浸泡6～8小时，泡至发软备用；小米淘洗干净，用清水浸泡2小时。❷ 将浸泡好的黄豆同小米一起放入豆浆机的杯体中，添加清水至上下水位线之间，启动机器，煮至豆浆机提示小米豆浆做好。❸ 将打出的小米豆浆过滤后，按个人口味趁热添加适量白糖，或等豆浆稍凉后加入蜂蜜即可饮用。

 贴士　小米食用前淘洗次数不要太多，也不要用力搓洗，以免外层的营养物质流失。

薏米豆浆

【养生功效】健脾、抗癌

【材料】 薏米20克，黄豆80克，清水、白糖或蜂蜜适量。

【做法】 ❶ 将黄豆清洗干净后，在清水中浸泡6～8小时，泡至发软备用；薏米淘洗干净，用清水浸泡2小时。❷ 将浸泡好的黄豆同薏米一起放入豆浆机的杯体中，添加清水至上下水位线之间，启动机器，煮至豆浆机提示薏米豆浆做好。❸ 将打出的薏米豆浆过滤后，按个人口味趁热添加适量白糖，或等豆浆稍凉后加入蜂蜜即可饮用。

贴士　孕妇、便秘者、尿频者不宜多食薏米豆浆。

黄瓜豆浆

【材料】 黄瓜 20 克，黄豆 70 克，清水适量。

【做法】 ❶将黄豆清洗干净后，在清水中浸泡 6 ～ 8 小时，泡至发软备用；黄瓜削皮、洗净后切成碎丁。❷将浸泡好的黄豆和切好的黄瓜丁一起放入豆浆机的杯体中，添加清水至上下水位线之间，启动机器，煮至豆浆机提示黄瓜豆浆做好。❸将打出的黄瓜豆浆过滤后即可饮用。

 贴士　在黄瓜贮存的问题上需要注意，黄瓜适宜温度为 10 ～ 12℃，所以它不宜久放冰箱内储存，否则会出现冻"伤"、变黑、变软、变味，甚至还会长毛发黏。

【养生功效】清热泻火又排毒

莲藕豆浆

【材料】 莲藕 50 克，黄豆 50 克，清水适量。

【做法】 ❶将黄豆清洗干净后，在清水中浸泡 6 ～ 8 小时，泡至发软备用；莲藕去皮后切成小丁，下入开水中略焯，捞出后沥干。❷将浸泡好的黄豆同莲藕丁一起放入豆浆机的杯体中，添加清水至上下水位线之间，启动机器，煮至豆浆机提示莲藕豆浆做好。❸将打出的莲藕豆浆过滤后即可饮用。

 贴士　莲藕性偏凉，所以产妇不宜过早食用，产后 1 ～ 2 周后再吃莲藕豆浆比较合适；脾胃消化功能低下、胃及十二指肠溃疡患者忌食莲藕豆浆。

【养生功效】清甜爽口排毒素

胡萝卜豆浆

【材料】 胡萝卜 1/3 根，黄豆 50 克，清水适量。

【做法】 ❶将黄豆清洗干净后，在清水中浸泡 6 ～ 8 小时，泡至发软备用；胡萝卜去皮后切成小丁，下入开水中略焯，捞出后沥干。❷将浸泡好的黄豆同胡萝卜丁一起放入豆浆机的杯体中，添加清水至上下水位线之间，启动机器，煮至豆浆机提示胡萝卜豆浆做好。❸将打出的胡萝卜豆浆过滤后即可饮用。

 贴士　研究发现，过量的胡萝卜素会影响卵巢的黄体素合成，使之分泌减少，甚至会造成月经紊乱、不排卵等异常症状，所以想要怀孕的女性不宜多饮胡萝卜豆浆。另外，糖尿病者也要少饮。

【养生功效】补充丰富的维生素

【养生功效】天然的降压药

西芹豆浆

【材料】西芹 20 克，黄豆 80 克，清水适量。

【做法】❶将黄豆清洗干净后，在清水中浸泡 6～8 小时，泡至发软备用；西芹择洗干净后，切成碎丁。❷将浸泡好的黄豆同西芹丁一起放入豆浆机的杯体中，添加清水至上下水位线之间，启动机器，煮至豆浆机提示西芹豆浆做好。❸将打出的西芹豆浆过滤后即可饮用。

【贴士】西芹会抑制睾酮的生成，具有杀精作用，会减少精子数量，所以年轻的男性朋友应少饮西芹豆浆。

【养生功效】防止癌细胞扩散

芦笋豆浆

【材料】芦笋 30 克，黄豆 70 克，清水适量。

【做法】❶将黄豆清洗干净后，在清水中浸泡 6～8 小时，泡至发软备用；芦笋洗净后切成小段，下入开水中焯烫，捞出沥干。❷将浸泡好的黄豆和芦笋一起放入豆浆机的杯体中，添加清水至上下水位线之间，启动机器，煮至豆浆机提示芦笋豆浆做好。❸将打出的芦笋豆浆过滤后即可食用。

【贴士】患有痛风者和糖尿病患者不宜多食芦笋豆浆。芦笋在保存的时候，应在低温避光的环境中，可用塑料袋密封后放入冰箱保鲜，不宜存放 1 周以上。

【养生功效】有利于骨骼生长

莴笋豆浆

【材料】莴笋 30 克，黄豆 70 克，清水适量。

【做法】❶将黄豆清洗干净后，在清水中浸泡 6～8 小时，泡至发软备用；莴笋洗净后切成小段，下入开水中焯烫，捞出沥干。❷将浸泡好的黄豆和莴笋一起放入豆浆机的杯体中，添加清水至上下水位线之间，启动机器，煮至豆浆机提示莴笋豆浆做好。❸将打出的莴笋豆浆过滤后即可食用。

【贴士】莴笋中的某种物质对视神经有刺激作用，故视力弱者不宜多食莴笋豆浆，有眼疾特别是夜盲症的人也应少食。

生菜豆浆

【材料】 生菜 30 克，黄豆 70 克，清水适量。

【做法】 ❶将黄豆清洗干净后，在清水中浸泡 6 ~ 8 小时，泡至发软备用；生菜洗净后切碎。❷将浸泡好的黄豆和切好的生菜一起放入豆浆机的杯体中，添加清水至上下水位线之间，启动机器，煮至豆浆机提示生菜豆浆做好。❸将打出的生菜豆浆过滤后即可饮用。

【养生功效】清热提神

贴士 生菜性凉，患有尿频和胃寒的人不宜多饮生菜豆浆。生菜对乙烯极为敏感，因此在存放时要远离苹果、香蕉、梨等食物。

南瓜豆浆

【材料】 南瓜 50 克，黄豆 50 克，清水适量。

【做法】 ❶将黄豆清洗干净后，在清水中浸泡 6 ~ 8 小时，泡至发软备用；南瓜去皮，洗净后切成小碎丁。❷将浸泡好的黄豆同南瓜丁一起放入豆浆机的杯体中，添加清水至上下水位线之间，启动机器，煮至豆浆机提示南瓜豆浆做好。❸将打出的南瓜豆浆过滤后即可饮用。

【养生功效】预防糖尿病、癌症

贴士 经常胃热或便秘的人不宜喝南瓜豆浆，否则会产生胃满腹胀等不适感；南瓜会加重支气管哮喘病，有此类疾病的人忌吃南瓜豆浆；患有脚气病、黄疸症、痢疾、豆疹者也不适宜喝南瓜豆浆。

白萝卜豆浆

【材料】 白萝卜 50 克，黄豆 50 克，清水适量。

【做法】 ❶将黄豆清洗干净后，在清水中浸泡 6 ~ 8 小时，泡至发软备用；白萝卜去皮后切成小丁，下入开水中略焯，捞出后沥干。❷将浸泡好的黄豆同白萝卜丁一起放入豆浆机的杯体中，添加清水至上下水位线之间，启动机器，煮至豆浆机提示白萝卜豆浆做好。❸将打出的白萝卜豆浆过滤后即可饮用。

【养生功效】下气消食

贴士 白萝卜性偏寒凉而利肠，脾虚泄泻者慎食或少食。胃溃疡、十二指肠溃疡、慢性胃炎、单纯甲状腺肿、先兆流产、子宫脱垂等患者不要食用。

【健康蔬菜豆浆】

【养生功效】控制血糖升高

山药豆浆

【材料】 山药50克，黄豆50克，水、糖或者冰糖适量。

【做法】 ❶将黄豆清洗干净后，在清水中浸泡6~8小时，泡至发软备用；山药去皮后切成小丁，下入开水中灼烫，捞出沥干。❷将浸泡好的黄豆同煮熟的山药丁一起放入豆浆机的杯体中，添加清水至上下水位线之间，启动机器，煮至豆浆机提示山药豆浆做好。❸将打出的山药豆浆过滤后，按个人口味趁热添加适量白糖或冰糖调味。患有糖尿病、高血压、高血脂等不宜吃糖的患者，可用蜂蜜代替，不喜甜者也可不加糖。

【贴士】 山药有收涩的作用，所以大便燥结者不宜食用；有实邪者忌食山药豆浆；山药豆浆也不可与碱性药物同服。

【养生功效】解毒消肿

芋头豆浆

【材料】 芋头50克，黄豆50克，清水、白糖或冰糖适量。

【做法】 ❶将黄豆清洗干净后，在清水中浸泡6~8小时，泡至发软备用；芋头去皮后切成小丁，下入开水中略焯，捞出后沥干。❷将浸泡好的黄豆同煮熟的芋头丁一起放入豆浆机的杯体中，添加清水至上下水位线之间，启动机器，煮至豆浆机提示芋头豆浆做好。❸将打出的芋头豆浆过滤后，按个人口味趁热添加适量白糖或冰糖调味当然也可用蜂蜜代替。

【贴士】 腹中胀满及糖尿病患者应当少食或忌食芋头豆浆。另外，芋头汁所含草酸钙沾到手上会引起手痒，所以在削皮前可以先在手中倒些醋，均匀地搓到手上再去削皮。

【养生功效】减肥人士的必备佳品

红薯豆浆

【材料】 红薯50克，黄豆50克，清水适量。

【做法】 ❶将黄豆清洗干净后，在清水中浸泡6~8小时，泡至发软备用；红薯去皮、洗净，之后切成小碎丁。❷将浸泡好的黄豆和切好的红薯丁一起放入豆浆机的杯体中，添加清水至上下水位线之间，启动机器，煮至豆浆机提示红薯豆浆做好。❸将打出的红薯豆浆过滤后即可饮用。

【贴士】 红薯含糖量较高，并含有"气化酶"，所以不能多吃，否则会产生大量胃酸，使人感到"胃灼热"；在做肝、胆道系统检查或胰腺、上腹部肿块检查的前一天，不宜吃红薯、土豆等胀气食物。

土豆豆浆

【材料】 土豆 50 克，黄豆 50 克，清水适量。

【做法】 ❶将黄豆清洗干净后，在清水中浸泡 6～8 小时，泡至发软备用；土豆去皮洗净后切成小丁，下入开水中焯烫，捞出沥干。❷将浸泡好的黄豆和土豆丁一起放入豆浆机的杯体中，添加清水至上下水位线之间，启动机器，煮至豆浆机提示土豆豆浆做好。❸将打出的土豆豆浆过滤后即可食用。

贴士 肝病患者不宜喝土豆豆浆，因为土豆中含有少量的"天然苯二氮样化合物"，这种物质对肝病患者极为不利。

【养生功效】营养健康不长胖

紫薯豆浆

【材料】 紫薯 50 克，黄豆 50 克，清水适量。

【做法】 ❶将黄豆清洗干净后，在清水中浸泡 6～8 小时，泡至发软备用；紫薯去皮、洗净，之后切成小碎丁。❷将浸泡好的黄豆和切好的紫薯丁一起放入豆浆机的杯体中，添加清水至上下水位线之间，启动机器，煮至豆浆机提示紫薯豆浆做好。❸将打出的紫薯豆浆过滤后即可饮用。

贴士 胃酸过多者不宜多饮紫薯豆浆。

【养生功效】清除自由基

紫菜豆浆

【材料】 黄豆 50 克，紫菜、大米、盐、清水适量。

【做法】 ❶将黄豆清洗干净后，在清水中浸泡 6～8 小时，泡至发软备用；紫菜、大米洗干净。❷将浸泡好的黄豆同紫菜、大米一起放入豆浆机的杯体中，添加清水至上下水位线之间，启动机器，煮至豆浆机提示紫菜豆浆做好。❸将打出的紫菜豆浆过滤后，加入盐调味即可饮用。

贴士 《本草拾遗》说紫菜"多食令人腹痛，发气，吐白沫，饮热醋少许即消"，所以紫菜豆浆不宜多食。消化功能不好、素体脾虚者可引起腹泻，宜少食。腹痛便溏者禁食。乳腺小叶增生以及各类肿瘤患者慎用。脾胃虚寒者切勿食用。

【养生功效】有助补充蛋白质和碘

【健康蔬菜豆浆】

【养生功效】滋阴止咳

银耳豆浆

【材料】 银耳 30 克，黄豆 70 克，清水适量。

【做法】 ❶将黄豆清洗干净后，在清水中浸泡 6～8 小时，泡至发软备用；银耳用清水泡发，洗净，切碎。❷将浸泡好的黄豆同银耳一起放入豆浆机的杯体中，添加清水至上下水位线之间，启动机器，煮至豆浆机提示银耳豆浆做好。❸将打出的银耳豆浆过滤后即可饮用。

 贴士 银耳宜用开水泡发，泡发后应去掉未发开的部分，特别是那些呈淡黄色的东西。冰糖银耳含糖量高，睡前不宜食用，以免血黏度增高。银耳能清肺热，故外感风寒者忌用。食用变质银耳会发生中毒反应，严重者会有生命危险。

【养生功效】抗癌、增强记忆力

蚕豆豆浆

【材料】 蚕豆 50 克，黄豆 50 克，白糖或冰糖、清水适量。

【做法】 ❶将黄豆和蚕豆洗净后，在清水中浸泡 6～8 小时。❷将食材放入豆浆机的杯体中，并加水至上下水位线之间，启动机器，煮至豆浆机提示蚕豆豆浆做好。❸将打出的蚕豆豆浆过滤后，按个人口味趁热往豆浆中添加适量白糖或冰糖调味，患有糖尿病、高血压、高血脂等不宜吃糖的患者，可用蜂蜜代替。不喜甜者也可不加糖。

 贴士 中焦虚寒者不宜食用，发生过蚕豆过敏者一定不要再食用。有遗传性血红细胞缺陷症者，患有痔疮出血、消化不良、慢性结肠炎、尿毒症的病人要注意，不宜食用蚕豆豆浆。

【养生功效】益脾、安神

茯苓豆浆

【材料】 茯苓粉 20 克，黄豆 80 克，清水、白糖或冰糖适量。

【做法】 ❶将黄豆清洗干净后，在清水中浸泡 6～8 小时，泡至发软备用。❷将浸泡好的黄豆放入豆浆机的杯体中，加入茯苓粉，添加清水至上下水位线之间，启动机器，煮至豆浆机提示茯苓豆浆做好。❸将打出的茯苓豆浆过滤后，按个人口味趁热添加适量白糖或冰糖调味，不宜吃糖的患者，可用蜂蜜代替。不喜甜者也可不加糖。

 贴士 茯苓粉在中药店可以买到。熬煮的时候要不时搅拌一下，以免粘锅。

玫瑰花豆浆

【材料】 玫瑰花5～8朵，黄豆100克，清水、白糖或冰糖适量。

【做法】 ❶将黄豆洗净后，在清水中浸泡6～8小时；玫瑰花瓣仔细清洗干净后备用。❷将浸泡好的黄豆和玫瑰花一起放入豆浆机，加水煮至豆浆做好。❸过滤后，按个人口味趁热添加适量白糖或冰糖调味，以减少玫瑰花的涩味。不宜吃糖的患者，可用蜂蜜代替。

玫瑰花只用花瓣，不要花蒂。如果有玫瑰酱，比用干玫瑰更可口，不会有干玫瑰的涩味。制作时使用开水，可减少玫瑰香味的散失，又可减少制浆时间。玫瑰花豆浆有清淡的玫瑰花香，适合女士夏季饮用。

【养生功效】改善暗黄、干燥肌肤

月季花豆浆

【材料】 月季花15克，黄豆70克，清水、白糖或冰糖适量。

【做法】 ❶将黄豆清洗干净后，在清水中浸泡6～8小时，泡至发软备用；月季花清洗干净后泡开。❷将浸泡好的黄豆和月季花一起放入豆浆机的杯体中，添加清水至上下水位线之间，启动机器，煮至豆浆机提示月季花豆浆做好。❸将打出的月季花豆浆过滤后，按个人口味趁热添加适量白糖或冰糖调味，不宜吃糖的患者，可用蜂蜜代替。

月季花的花形和玫瑰花相似，不过个头要比玫瑰大一些，月季花可以在中药店购买。

【养生功效】疏肝调经

茉莉花豆浆

【材料】 茉莉花10克，黄豆90克，清水、白糖或冰糖适量。

【做法】 ❶将黄豆清洗干净后，在清水中浸泡6～8小时，泡至发软备用；茉莉花瓣清洗干净后备用。❷将浸泡好的黄豆和茉莉花一起放入豆浆机的杯体中，添加清水至上下水位线之间，启动机器，煮至豆浆机提示茉莉花豆浆做好。❸将打出的茉莉花豆浆过滤后，按个人口味趁热添加适量白糖或冰糖调味，不宜吃糖的患者，可用蜂蜜代替。

茉莉花辛香偏温，所以火热内盛，燥结便秘者不宜饮用茉莉花豆浆。

【养生功效】理气开郁

【芳香花草豆浆】

【养生功效】清热解毒

金银花豆浆

【材料】 金银花50克，黄豆70克，清水、白糖或冰糖适量。

【做法】 ❶将黄豆清洗干净后，在清水中浸泡6~8小时，泡至发软备用；金银花清洗干净后泡开。❷将浸泡好的黄豆和金银花一起放入豆浆机的杯体中，添加清水至上下水位线之间，启动机器，煮至豆浆机提示金银花豆浆做好。❸将打出的金银花豆浆过滤后，按个人口味趁热添加适量白糖或冰糖调味，不宜吃糖的患者，可用蜂蜜代替。也可不加糖。

【贴士】 脾胃虚寒、气虚疮疡脓清者不宜食用金银花豆浆。

【养生功效】温胃散寒

桂花豆浆

【材料】 桂花10克，黄豆90克，清水、白糖或冰糖适量。

【做法】 ❶将黄豆清洗干净后，在清水中浸泡6~8小时，泡至发软备用；桂花清洗干净后备用。❷将浸泡好的黄豆和桂花一起放入豆浆机的杯体中，添加清水至上下水位线之间，启动机器，煮至豆浆机提示桂花豆浆做好。❸将打出的桂花豆浆过滤后，按个人口味趁热添加适量白糖或冰糖调味，不宜吃糖的患者，可用蜂蜜代替。

【贴士】 桂花的香味强烈，所以在制作豆浆时忌过量饮用。另外，体质偏热、火热内盛者也要谨慎饮用。

【养生功效】清心疏散风热

菊花豆浆

【材料】 菊花5~8朵，黄豆90克，清水、白糖或冰糖适量。

【做法】 ❶将黄豆清洗干净后，在清水中浸泡6~8小时，泡至发软备用；菊花清洗干净后备用。❷将浸泡好的黄豆和菊花一起放入豆浆机的杯体中，添加清水至上下水位线之间，启动机器，煮至豆浆机提示菊花豆浆做好。❸将打出的菊花豆浆过滤后，按个人口味趁热添加适量白糖或冰糖调味，不宜吃糖的患者，可用蜂蜜代替。

【贴士】 菊花性微寒，适合于阴虚阳亢体质的人服用，而那些虚寒体质尤其是胃寒之人则不宜长期饮用菊花豆浆。

百合红豆浆

【材料】 干百合 50 克，红豆 100 克，清水、白糖或冰糖适量。

【做法】 ❶将红豆清洗干净后，在清水中浸泡 6 ~ 8 小时，泡至发软备用；干百合清洗干净后略泡。❷将浸泡好的红豆和百合一起放入豆浆机的杯体中，添加清水至上下水位线之间，启动机器，煮至豆浆机提示百合红豆浆做好。❸将打出的百合红豆浆过滤后，按个人口味趁热添加适量白糖或冰糖调味，不宜吃糖的患者，可用蜂蜜代替。不喜甜者也可不加糖。

贴士 百合虽能补气，亦伤肺气，不宜多服。由于百合偏凉性，胃寒的患者宜少食用百合红豆浆。

【养生功效】缓解肺热

杂花豆浆

【材料】 黄豆 80 克，玫瑰、菊花、桂花共 20 克，清水、白糖或冰糖适量。

【做法】 ❶将黄豆清洗干净后，在清水中浸泡 6 ~ 8 小时，泡至发软备用；玫瑰、菊花、桂花一起淘洗干净。❷将浸泡好的黄豆和杂花一起放入豆浆机的杯体中，添加清水至上下水位线之间，启动机器，煮至豆浆机提示杂花豆浆做好。❸过滤后，按个人口味趁热添加适量白糖或冰糖调味，不宜吃糖的患者，可用蜂蜜代替。不喜甜者也可不加糖。

贴士 杂花豆浆的材料不局限于以上三种，可根据自己的喜好自由选择不同的花，尝试调制不同口味的杂花豆浆。

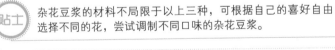

【养生功效】美容养颜

绿茶豆浆

【材料】 绿茶 50 克，黄豆 70 克，清水、白糖或冰糖适量。

【做法】 ❶将黄豆洗净后，在清水中浸泡 6 ~ 8 小时；绿茶清洗干净后泡开。❷将浸泡好的黄豆和绿茶一起放入豆浆机的杯体中，加水煮至豆浆机提示绿茶豆浆做好。❸过滤后，按个人口味趁热添加适量白糖或冰糖调味，不宜吃糖的患者，可用蜂蜜代替。

贴士 女性在月经期间不宜喝绿茶豆浆。因为女性在月经期，除了正常的铁流失外，还要额外损失 18 ~ 21 毫克铁。而绿茶中较多的鞣酸成分会与食物中的铁分子结合，形成大量沉淀物，妨碍肠道黏膜对铁的吸收。

【养生功效】帮助延缓衰老

【营养水果豆浆】

【养生功效】润肺、调理气血

葡萄豆浆

【材料】 葡萄6～10粒，黄豆80克，清水、白糖或冰糖适量。

【做法】 ❶ 将黄豆清洗干净后，在清水中浸泡6～8小时，泡至发软备用；葡萄去皮、去子。❷ 将浸泡好的黄豆和葡萄一起放入豆浆机的杯体中，添加清水至上下水位线之间，启动机器，煮至豆浆机提示葡萄豆浆做好。❸ 将打出的葡萄豆浆过滤后，按个人口味趁热添加适量白糖或冰糖调味，不宜吃糖的患者，可用蜂蜜代替。

葡萄不宜与水产品同时食用，间隔至少2小时以后再食为宜，以免葡萄中的鞣酸与水产品中的钙质形成难以吸收的物质，影响健康。

【养生功效】生津润燥

雪梨豆浆

【材料】 雪梨1个，黄豆50克，清水、冰糖适量。

【做法】 ❶ 将黄豆清洗干净后，在清水中浸泡6～8小时，泡至发软备用；雪梨清洗后，去皮去核，并切成小碎丁。❷ 将浸泡好的黄豆和雪梨一起放入豆浆机的杯体中，添加清水至上下水位线之间，启动机器，煮至豆浆机提示雪梨豆浆做好。❸ 将打出的雪梨豆浆过滤后，按个人口味趁热添加适量冰糖调味，不宜吃糖的患者，可用蜂蜜代替。

梨子性凉，凡脾胃虚寒及便溏、腹泻者忌饮雪梨豆浆；糖尿病患者当少饮或不饮雪梨豆浆。

【养生功效】保护心血管

苹果豆浆

【材料】 苹果1个，黄豆50克，清水、白糖或冰糖适量。

【做法】 ❶ 将黄豆清洗干净后，在清水中浸泡6～8小时，泡至发软备用；苹果清洗后，去皮去核，并切成小碎丁。❷ 将浸泡好的黄豆和苹果一起放入豆浆机的杯体中，添加清水至上下水位线之间，启动机器，煮至豆浆机提示苹果豆浆做好。❸ 过滤后，按个人口味趁热添加适量白糖或冰糖调味，不宜吃糖的患者，可用蜂蜜代替。也可不加糖。

苹果不宜与海味同食，因为苹果含有鞣酸，与海味同食不但会降低海味蛋白质的营养价值，还容易发生腹痛、恶心、呕吐等病症。

菠萝豆浆

【材料】 菠萝半个，黄豆50克，清水、白糖或冰糖适量。

【做法】 ❶将黄豆洗净后，在清水中浸泡6~8小时；菠萝去皮去核后清洗干净，并切成小碎丁。❷将上述食材一起放入豆浆机，加水煮至豆浆机提示菠萝豆浆做好。❸过滤后，按个人口味趁热添加适量白糖或冰糖调味，不宜吃糖的患者，可用蜂蜜代替，也可不加糖。

贴士 未经处理的生菠萝不要食用，因为生菠萝含有一种菠萝蛋白酶，对这种蛋白酶过敏的人，会出现皮肤发痒等症状。要避免过敏，可将菠萝去皮后切成片或块状，放置淡盐水中浸泡半小时，然后用凉开水冲洗去咸味，即可放心大胆地享受菠萝的新鲜美味。

【养生功效】促进消化、解除油腻

草莓豆浆

【材料】 草莓4~6个，黄豆80克，清水、白糖或冰糖适量。

【做法】 ❶将黄豆清洗干净后，在清水中浸泡6~8小时，泡至发软备用；草莓去蒂洗净后，切成碎丁。❷将浸泡好的黄豆和草莓一起放入豆浆机的杯体中，添加清水至上下水位线之间，启动机器，煮至豆浆机提示草莓豆浆做好。❸将打出的草莓豆浆过滤后，按个人口味趁热添加适量白糖或冰糖调味，不宜吃糖的患者，可用蜂蜜代替。

贴士 草莓表面粗糙，不易洗净，可以用淡盐水或高锰酸钾水浸泡10分钟，既能杀菌又较易清洗。

【养生功效】排毒、美容

香桃豆浆

【材料】 鲜桃1个，黄豆50克，清水、白糖或冰糖适量。

【做法】 ❶将黄豆清洗干净后，在清水中浸泡6~8小时，泡至发软备用；鲜桃清洗后，去皮去核，并切成小碎丁。❷将浸泡好的黄豆和鲜桃一起放入豆浆机的杯体中，添加清水至上下水位线之间，启动机器，煮至豆浆机提示香桃豆浆做好。❸过滤后，按个人口味趁热添加适量白糖或冰糖调味，不宜吃糖的患者，可用蜂蜜代替。

贴士 鲜桃很好吃，但是桃上的绒毛难去，可以在清水中放入少许的食用碱，将鲜桃浸泡3分钟左右，搅动一下，桃毛就会自动上浮，稍微清洗就可去除。

【养生功效】贫血人士的补血浆

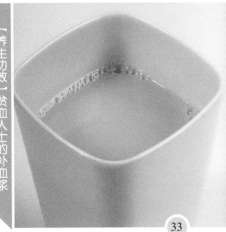

营养水果豆浆

【养生功效】让人心情愉快

香蕉豆浆

【材料】 香蕉 1 根，黄豆 50 克，清水、白糖或冰糖适量。

【做法】 将黄豆清洗干净后，在清水中浸泡 6 ～ 8 小时，泡至发软备用；香蕉去皮后，切成碎丁。❷ 将浸泡好的黄豆和香蕉一起放入豆浆机的杯体中，添加清水至上下水位线之间，启动机器，煮至豆浆机提示香蕉豆浆做好。❸ 将打出的香蕉豆浆过滤后，按个人口味趁热添加适量白糖或冰糖调味，不宜吃糖的患者，可用蜂蜜代替。

（贴士） 香蕉可以冷藏，3 ～ 5 天后尽管果皮的颜色已经变深，但是品质还是好的。

【养生功效】抵抗坏血病

金橘豆浆

【材料】 金橘 5 个，黄豆 50 克，清水、白糖或冰糖适量。

【做法】 将黄豆清洗干净后，在清水中浸泡 6 ～ 8 小时，泡至发软备用；金橘洗净后备用。❷ 将浸泡好的黄豆和金橘一起放入豆浆机的杯体中，添加清水至上下水位线之间，启动机器，煮至豆浆机提示金橘豆浆做好。❸ 过滤后，按个人口味趁热添加适量白糖或冰糖调味，不宜吃糖的患者，可用蜂蜜代替。不喜甜者也可不加糖。

（贴士） 金橘皮中的维生素 C 含量丰富，在制作金橘豆浆时，不宜将皮去掉。

【养生功效】生津消暑

西瓜豆浆

【材料】 西瓜 50 克，黄豆 50 克，清水、白糖或冰糖适量。

【做法】 将黄豆清洗干净后，在清水中浸泡 6 ～ 8 小时，泡至发软备用；西瓜去皮、去籽后将瓜瓤切成碎丁。❷ 将浸泡好的黄豆和西瓜丁一起放入豆浆机的杯体中，添加清水至上下水位线之间，启动机器，煮至豆浆机提示西瓜豆浆做好。❸ 过滤后，按个人口味趁热添加适量白糖或冰糖调味，不宜吃糖的患者，可用蜂蜜代替。

（贴士） 平时最好不要吃刚从冰箱里拿出来的西瓜。因西瓜本身是寒凉食物，再加上刚从冰箱里拿出来温度很低，吃这样的西瓜容易引起胃痉挛，从而影响胃的消化。

椰汁豆浆

【材料】 黄豆 100 克，椰汁、清水适量。

【做法】 ❶将黄豆清洗干净后，在清水中浸泡 6 ~ 8 小时，泡至发软备用。❷将浸泡好的黄豆放入豆浆机的杯体中，添加清水至上下水位线之间，启动机器，煮至豆浆机提示豆浆做好。❸将打出的豆浆过滤后，兑入椰汁即可。

【养生功效】清暑解渴

贴士 体内热盛的人不宜食用椰汁豆浆；易怒、口干舌燥者，也不宜多食椰汁豆浆。

芒果豆浆

【材料】 芒果 1 个，黄豆 80 克，清水、白糖或冰糖适量。

【做法】 ❶将黄豆洗净后，在清水中浸泡 6 ~ 8 小时；芒果去掉果皮和果核后，取果肉待用。❷将浸泡好的黄豆和芒果果肉一起放入豆浆机，加水煮至豆浆机提示芒果豆浆做好。❸过滤后，按个人口味趁热添加适量白糖或冰糖调味，不宜吃糖的患者，可用蜂蜜代替。

【养生功效】补足维生素

贴士 购买芒果时要遵从 1 个原则，就是选皮质细腻且颜色深的，这样的芒果新鲜熟透。不要挑有点发绿的，那样的芒果没有熟透。果皮有少许皱褶的芒果，虽然看起来不新鲜，事实上这样的芒果才更甜。

柠檬豆浆

【材料】 黄豆 100 克，柠檬 1 片，清水适量。

【做法】 ❶将黄豆清洗干净后，在清水中浸泡 6 ~ 8 小时，泡至发软备用。❷将浸泡好的黄豆放入豆浆机的杯体中，添加清水至上下水位线之间，启动机器，煮至豆浆机提示豆浆做好。❸将打出的豆浆过滤后，挤入柠檬汁即可。

【养生功效】消除色素沉积

贴士 在挑选柠檬的时候，深黄色的柠檬一般较为成熟，而且通常皮薄、汁多。

【养生功效】止渴清燥、消除口臭

香瓜豆浆

【材料】 香瓜 1 个，黄豆 50 克，清水、白糖或冰糖适量。

【做法】 ❶将黄豆清洗干净后，在清水中浸泡 6～8 小时，泡至发软备用；香瓜去皮去瓤后洗干净，并切成小碎丁。❷将浸泡好的黄豆和香瓜一起放入豆浆机的杯体中，添加清水至上下水位线之间，启动机器，煮至豆浆机提示香瓜豆浆做好。❸将打出的香瓜豆浆过滤后，按个人口味趁热添加适量白糖或冰糖调味，不宜吃糖的患者，可用蜂蜜代替。也可不加糖。

贴士 香瓜瓜蒂有毒，生食过量，即会中毒。因此，制作香瓜豆浆时一定要去除瓜蒂。

【养生功效】安神健脑

桂圆豆浆

【材料】 黄豆 100 克，桂圆、清水、白糖或冰糖适量。

【做法】 ❶将黄豆洗净后，在清水中浸泡 6～8 小时；桂圆去皮去核。❷将浸泡好的黄豆同桂圆一起放入豆浆机，加水煮至豆浆机提示桂圆豆浆做好。❸过滤后，按个人口味趁热添加适量白糖或冰糖调味。

 购买桂圆时，要注意剥开时果肉应透明无薄膜，无汁液溢出，蒂部不应蘸水，否则易变坏。理论上桂圆有安胎的功效，但妇女怀孕后，大都阴血偏虚，阴虚则生内热。痰火郁结，咳嗽痰黏者不宜食用。

【养生功效】丰胸第一品

木瓜豆浆

【材料】 青木瓜 1 个，黄豆 50 克，清水、白糖或冰糖适量。

【做法】 ❶将黄豆清洗干净后，在清水中浸泡 6～8 小时，泡至发软备用；木瓜去皮后洗干净，并切成小碎丁。❷将浸泡好的黄豆和木瓜一起放入豆浆机的杯体中，添加清水至上下水位线之间，启动机器，煮至豆浆机提示木瓜豆浆做好。❸将打出的木瓜豆浆过滤后，按个人口味趁热添加适量白糖或冰糖调味，不宜吃糖的患者，可用蜂蜜代替。也可不加糖。

贴士 孕妇、过敏体质人士不宜食用木瓜豆浆。

山楂豆浆

【材料】 山楂 50 克，黄豆 50 克，清水、白糖或冰糖适量。

【做法】 ❶将黄豆清洗干净后，在清水中浸泡 6 ~ 8 小时，泡至发软备用；山楂清洗后去核，并切成小碎丁。❷将浸泡好的黄豆和山楂一起放入豆浆机的杯体中，添加清水至上下水位线之间，启动机器，煮至豆浆机提示山楂豆浆做好。❸将打出的山楂豆浆过滤后，按个人口味趁热添加适量白糖或冰糖调味，不宜吃糖的患者，可用蜂蜜代替。

【养生功效】治疗痛经

贴士 山楂的颜色深红，所以出现腐烂时常常引不起人们的注意，当山楂出现发软、棕色斑点、露肉、发霉的迹象时，表明山楂已坏，不宜食用。

猕猴桃豆浆

【材料】 猕猴桃 1 个，黄豆 50 克，清水、白糖或冰糖适量。

【做法】 ❶将黄豆清洗干净后，在清水中浸泡 6 ~ 8 小时，泡至发软备用；猕猴桃去皮后，切成碎丁。❷将浸泡好的黄豆和猕猴桃一起放入豆浆机的杯体中，添加清水至上下水位线之间，启动机器，煮至豆浆机提示猕猴桃豆浆做好。❸将打出的猕猴桃豆浆过滤后，按个人口味趁热添加适量白糖或冰糖调味，不宜吃糖的患者，可用蜂蜜代替。

【养生功效】增强免疫力

贴士 猕猴桃富含维生素 C，而维生素 C 易与奶制品中的蛋白质凝结成块影响消化吸收，所以饮用猕猴桃豆浆后，不要马上喝牛奶或吃其他乳制品。

蜜柚豆浆

【材料】 柚子小半个，黄豆 50 克，清水、白糖或冰糖适量。

【做法】 ❶将黄豆清洗干净后，在清水中浸泡 6 ~ 8 小时，泡至发软备用；柚子去皮、去籽后将果肉撕碎。❷将浸泡好的黄豆和柚子一起放入豆浆机的杯体中，添加清水至上下水位线之间，启动机器，煮至豆浆机提示蜜柚豆浆做好。❸将打出的蜜柚豆浆过滤后，按个人口味趁热添加适量白糖或冰糖调味，不宜吃糖的患者，可用蜂蜜代替。

【养生功效】缓解脑血管疾病

贴士 在制作蜜柚豆浆时不宜选择太苦的柚子。另外，因柚子中含有一种破坏维生素 A 的醛类物质，故长期食用柚子的人不妨食用一些鱼肝油，以防体内维生素 A 缺失。

营养水果豆浆

【养生功效】集合营养促减肥

杂果豆浆

【材料】 黄豆 50 克，苹果、橙子、木瓜共 50 克，清水、白糖或冰糖适量。

【做法】 ❶将黄豆清洗干净后，在清水中浸泡 6～8 小时，泡至发软备用；苹果、橙子、木瓜清洗后，去皮去子，并切成小碎丁。❷将浸泡好的黄豆和苹果、橙子、木瓜一起放入豆浆机的杯体中，添加清水至上下水位线之间，启动机器，煮至豆浆机提示杂果豆浆做好。❸过滤后，按个人口味趁热添加适量白糖或冰糖调味，不宜吃糖的患者，可用蜂蜜代替。

(贴士) 杂果豆浆的原料不局限于此处列出的三种，可根据自己的喜好自由选择。

【养生功效】有效抗衰老

火龙果豆浆

【材料】 火龙果 1 个，黄豆 50 克，清水、白糖或冰糖适量。

【做法】 ❶将黄豆清洗干净后，在清水中浸泡 6～8 小时，泡至发软备用；火龙果去皮后洗干净，并切成小碎丁。❷将浸泡好的黄豆和火龙果一起放入豆浆机的杯体中，添加清水至上下水位线之间，启动机器，煮至豆浆机提示火龙果豆浆做好。❸将打出的火龙果豆浆过滤后，按个人口味趁热添加适量白糖或冰糖调味，不宜吃糖的患者，可用蜂蜜代替。

(贴士) 糖尿病人不宜多食火龙果豆浆。

【养生功效】丰胸第一品

无花果豆浆

【材料】 无花果 2 个，黄豆 80 克，清水、白糖或冰糖适量。

【做法】 ❶将黄豆清洗干净后，在清水中浸泡 6～8 小时，泡至发软备用；无花果洗净，去蒂，切碎。❷将浸泡好的黄豆和无花果一起放入豆浆机的杯体中，添加清水至上下水位线之间，启动机器，煮至豆浆机提示无花果豆浆做好。❸过滤后，按个人口味趁热添加适量白糖或冰糖调味，不宜吃糖的患者，可用蜂蜜代替。也可不加糖。

(贴士) 由于无花果适应性及抗逆性都比较强，在污染较重的化工区生长的无花果对有毒气体具有一定的吸附作用，所以长在污染源附近的无花果不宜食用，以避免中毒。

咖啡豆浆

【材料】 黄豆 80 克，咖啡豆、清水、白糖或冰糖适量。

【做法】 ❶ 将黄豆洗净后，在清水中浸泡 6 ~ 8 小时。❷ 将咖啡豆放入咖啡机中磨好，并冲好备用。❸ 将浸泡好的黄豆放入豆浆机的杯体中，加水煮至豆浆做好。❹ 过滤后，将冲好的咖啡兑入豆浆中，按个人口味趁热添加适量白糖或冰糖调味。

贴士　孕妇不宜饮用咖啡豆浆，否则会出现恶心、呕吐、头痛、心跳加快等症状，咖啡因还会通过胎盘进入胎儿体内，影响胎儿发育。儿童不宜喝咖啡豆浆。咖啡因可以兴奋儿童中枢神经系统，干扰儿童的记忆，造成儿童多动症。

【养生功效】提神醒脑的饮品

香草豆浆

【材料】 黄豆 80 克，香草 5 克，清水、白糖或冰糖适量。

【做法】 ❶ 将黄豆清洗干净后，在清水中浸泡 6 ~ 8 小时，泡至发软备用；香草清洗干净。❷ 将浸泡好的黄豆和香草一起放入豆浆机的杯体中，添加清水至上下水位线之间，启动机器，煮至豆浆机提示香草豆浆做好。❸ 将打出的香草豆浆过滤后，按个人口味趁热添加适量白糖或冰糖调味，不宜吃糖的患者，可用蜂蜜代替。不喜甜者也可不加糖。

贴士　可以先把香草浸泡，直接用泡好的香草水搅打豆浆。

【养生功效】独特香味缓解疼痛

饴糖豆浆

【材料】 黄豆 100 克，饴糖、清水适量。

【做法】 ❶ 将黄豆清洗干净后，在清水中浸泡 6 ~ 8 小时，泡至发软备用。❷ 将浸泡好的黄豆放入豆浆机的杯体中，添加清水至上下水位线之间，启动机器，煮至豆浆机提示豆浆做好。❸ 将打出的豆浆过滤后，按个人口味趁热添加适量饴糖即可。

贴士　这款豆浆空腹服用效果更佳。

【养生功效】温补脾胃

【养生功效】动、植物蛋白互补

牛奶豆浆

【材料】 黄豆 50 克，牛奶、清水、白糖或冰糖适量。

【做法】 ❶将黄豆清洗干净后，在清水中浸泡 6 ~ 8 小时，泡至发软备用。❷将浸泡好的黄豆放入豆浆机的杯体中，添加清水至上下水位线之间，启动机器，煮至豆浆机提示豆浆做好。❸待煮熟的豆浆冷却后，再往豆浆机中放入适量牛奶，搅打至没有颗粒即可。❹将打出的牛奶豆浆过滤后，按个人口味趁热添加适量冰糖调味，不宜吃糖的患者，可用蜂蜜代替，或不加糖。

 高温会破坏牛奶中的营养成分，所以一定要等豆浆煮熟后再加入牛奶。

【养生功效】让人心情愉悦

巧克力豆浆

【材料】 黄豆 100 克，巧克力 5 克，清水适量。

【做法】 ❶将黄豆清洗干净后，在清水中浸泡 6 ~ 8 小时，泡至发软备用。❷将浸泡好的黄豆放入豆浆机的杯体中，添加清水至上下水位线之间，启动机器，煮至豆浆机提示豆浆做好。❸将打出的豆浆过滤后，按个人口味趁热添加适量巧克力即可。

 儿童不宜食用巧克力豆浆，巧克力中含有使神经系统兴奋的物质，会使儿童不易入睡和哭闹不安。糖尿病患者应少食或不食巧克力豆浆。

【养生功效】口味独特

松花黑米豆浆

【材料】 黄豆 50 克，黑米 50 克，松花蛋 1 个，水、盐、鸡精适量。

【做法】 ❶将黄豆清洗干净后，在清水中浸泡 6 ~ 8 小时，泡至发软备用；黑米略泡，洗净；松花蛋去壳，切成小碎粒。❷将浸泡好的黄豆、黑米和松花蛋一起放入豆浆机的杯体中，添加清水至上下水位线之间，启动机器，煮至豆浆机提示松花黑米豆浆做好。❸将打出的松花黑米豆浆过滤后，按个人口味趁热添加适量盐、鸡精即可。

 儿童、脾阳不足、寒湿下痢者以及心血管病、肝肾疾病患者不宜多食松花黑米豆浆。

板栗燕麦豆浆

【材料】黄豆 50 克，燕麦 50 克，板栗 5 颗，清水、冰糖适量。

【做法】❶ 将黄豆清洗干净后，在清水中浸泡 6 ~ 8 小时，泡至发软备用；板栗洗净后切碎待用；燕麦淘洗干净。❷ 将浸泡好的黄豆和板栗、燕麦一起放入豆浆机的杯体中，添加清水至上下水位线之间，启动机器，煮至豆浆机提示板栗燕麦豆浆做好。❸ 过滤后，按个人口味趁热添加适量冰糖调味，不宜吃糖的患者，可用蜂蜜代替，或不加糖。

（贴士）板栗去皮的时候，可以先将板栗一切两瓣，去壳后放入盆内，加开水浸泡后用筷子搅拌几下，栗皮就会脱去。但浸泡时间不宜过长，以免影响生板栗的营养成分。

【养生功效】缓解食欲缺乏

核桃杏仁豆浆

【材料】黄豆 50 克，核桃仁 1 颗，杏仁 25 克，清水、白糖或冰糖适量。

【做法】❶ 将黄豆清洗干净后，在清水中浸泡 6 ~ 8 小时，泡至发软备用；杏仁洗净，泡软；核桃仁碾碎。❷ 将浸泡好的黄豆和核桃仁、杏仁一起放入豆浆机的杯体中，添加清水至上下水位线之间，启动机器，煮至豆浆机提示核桃杏仁豆浆做好。❸ 将打出的核桃杏仁豆浆过滤后，按个人口味趁热添加适量白糖或冰糖调味，不宜吃糖的患者，可用蜂蜜代替，或不加糖。

（贴士）因核桃含有较多的脂肪，一次不宜吃太多，否则会影响消化。

【养生功效】补脑益智

酸奶水果豆浆

【材料】黄豆、苹果、菠萝、猕猴桃各 50 克，原味酸奶、清水适量。

【做法】❶ 将黄豆洗净后，在清水中浸泡 6 ~ 8 小时；苹果、菠萝、猕猴桃去皮去核后洗干净，切成碎丁。❷ 将浸泡好的黄豆放入豆浆机，加水煮至豆浆做好。❸ 过滤后倒入碗中，冷却后，加入适量原味酸奶混合，再按个人口味趁热添加适量白糖或冰糖调味，不宜吃糖的患者，可用蜂蜜代替，或不加糖。❹ 将切好的苹果、菠萝和猕猴桃放入调好的酸奶豆浆糊里即可。

（贴士）酸奶不要加热。酸奶中的活性益生菌，如果加热或用开水稀释，会大量死亡，不仅特有的味道消失了，营养价值也会损失殆尽。

【养生功效】别有一番滋味

另类口感豆浆

【养生功效】清热解毒祛火

西瓜皮绿豆浆

【材料】西瓜皮50克，绿豆150克，清水、白糖或冰糖适量。

【做法】❶将绿豆洗净，加入适量白糖或冰糖，用水煮成绿豆泥。去皮留豆沙。❷西瓜皮洗净切成小丁，和绿豆沙一起放入榨汁机中，打成均匀的西瓜皮绿豆浆即可。

贴士 西瓜皮以外皮青绿色、内皮近白色、无杂质者为佳。因为西瓜皮和绿豆都为寒性，所以脾胃虚寒者不宜多食西瓜皮绿豆浆。

【养生功效】夏秋两季的解暑佳品

绿豆花生豆浆

【材料】绿豆80克，黄豆10克，花生10克，清水、白糖或冰糖适量。

【做法】❶将绿豆、黄豆、花生清洗干净后，在清水中浸泡6～8小时，泡至发软备用。❷将浸泡好的绿豆、黄豆、花生一起放入豆浆机的杯体中，添加清水至上下水位线之间，启动机器，煮至豆浆机提示豆浆做好。❸将打出的绿豆花生豆浆过滤后，按个人口味趁热添加适量白糖或冰糖调味，不宜吃糖的患者，可用蜂蜜代替。

贴士 凉性体质者不宜常饮绿豆花生豆浆，否则易引起腹泻。

【养生功效】补血安神

桂圆花生红豆浆

【材料】桂圆20克，花生仁20克，红豆80克，清水、白糖或冰糖适量。

【做法】❶将红豆清洗干净后，在清水中浸泡6～8小时，泡至发软备用；花生仁略泡；桂圆去核。❷将浸泡好的红豆、花生仁和桂圆一起放入豆浆机的杯体中，加水至上下水位线之间，启动机器，煮至豆浆机提示桂圆花生红豆浆做好。❸过滤后，按个人口味趁热往豆浆中添加适量白糖或冰糖调味，不宜吃糖者，可用蜂蜜代替。不喜甜者也可不加糖。

贴士 孕妇应慎食桂圆花生红豆浆。痰火郁结、咳嗽痰黏者，胆管病、胆囊切除者不宜食用桂圆花生红豆浆。

第三篇

豆浆保健方——喝出身体好状态

【养生功效】健脾补气

西米山药豆浆

【材料】西米25克，山药25克，黄豆50克，清水、白糖或冰糖适量。

【做法】❶将黄豆洗净，在清水中浸泡6～8小时；西米淘洗干净，用清水浸泡2小时；山药去皮后切成小丁，下入开水中略焯，捞出。❷将浸泡好的黄豆同西米、山药一起放入豆浆机，加水煮至豆浆机提示西米山药豆浆做好。❸过滤，按个人口味趁热添加糖调味。

【贴士】这款豆浆也可以做成西米粥食用，先放相当于西米4～5倍的豆浆煮到沸点，然后将西米倒入煮沸的豆浆中，要不停地搅动西米，煮10～15分钟直到西米已变得透明或西米粒内层无任何乳白色圆点，则表明西米已煮熟。

【养生功效】提高食欲

糯米黄米豆浆

【材料】糯米30克，黄米20克，黄豆50克，清水、白糖或冰糖适量。

【做法】❶将黄豆清洗干净后，在清水中浸泡6～8小时，泡至发软备用；黄米、糯米淘洗干净，浸泡2小时。❷将浸泡好的黄豆、黄米、糯米一起放入豆浆机的杯体中，添加清水至上下水位线之间，启动机器，煮至豆浆机提示糯米黄米豆浆做好。❸将打出的糯米黄米豆浆过滤后，按个人口味趁热添加适量白糖或冰糖调味，不宜吃糖的患者，可用蜂蜜代替。不喜甜者也可不加糖。

【贴士】这款豆浆中碳水化合物和钠的含量很高，所以糖尿病患者、过于肥胖者以及患有肾脏病、高血脂等慢性病的人不宜过多饮用。

【养生功效】和胃、补血

黄米红枣豆浆

【材料】黄米25克，红枣25克，黄豆50克，清水、白糖或冰糖适量。

【做法】❶将黄豆清洗干净后，在清水中浸泡6～8小时，泡至发软备用；黄米淘洗干净，用清水浸泡2小时；红枣洗净并去核后，切碎待用。❷将浸泡好的黄豆、黄米和红枣一起放入豆浆机的杯体中，添加清水至上下水位线之间，启动机器，煮至豆浆机提示黄米红枣豆浆做好。❸过滤后，按个人口味趁热添加适量白糖或冰糖调味，不宜吃糖的患者，可用蜂蜜代替。不喜甜者也可不加糖。

【贴士】红枣的糖分含量较高，所以糖尿病患者应当少食或者不食黄米红枣豆浆。

【健脾和胃】

红枣高粱豆浆

【材料】高粱 25 克，红枣 25 克，黄豆 40 克，清水、白糖或冰糖适量。

【做法】❶将黄豆清洗干净后，在清水中浸泡 6～8 小时，泡至发软备用；高粱米淘洗干净，用清水浸泡 2 小时；红枣洗净并去核后，切碎待用。❷将浸泡好的黄豆、高粱米和红枣一起放入豆浆机的杯体中，添加清水至上下水位线之间，启动机器，煮至豆浆机提示红枣高粱豆浆做好。❸过滤后，按个人口味趁热添加适量白糖或冰糖调味，不宜吃糖的患者，可用蜂蜜代替。不喜甜者也可不加糖。

 【贴士】因为高粱有收敛固脱的作用，所以大便干燥者不宜过多食用这款豆浆。红枣的含糖量较高，所以也不建议糖尿病患者饮用。

【养生功效】补脾和胃

红薯山药豆浆

【材料】红薯 25 克，山药 25 克，黄豆 50 克，清水适量。

【做法】❶将黄豆清洗干净后，在清水中浸泡 6～8 小时，泡至发软备用；红薯、山药去皮后切成小丁，下入开水中略焯，捞出后沥干。❷将浸泡好的黄豆同红薯、山药一起放入豆浆机的杯体中，添加清水至上下水位线之间，启动机器，煮至豆浆机提示红薯山药豆浆做好。❸将打出的红薯山药豆浆过滤后即可饮用。

 【贴士】红薯缺少蛋白质和脂质，因此要搭配蔬菜、水果及蛋白质食物一起吃，才不会营养失衡。山药有收涩的作用，所以大便干燥者不宜食用红薯山药豆浆。

【养生功效】滋养脾胃

高粱红豆豆浆

【材料】黄豆 50 克，高粱米 30 克，红小豆 20 克，清水适量。

【做法】❶将黄豆、红小豆洗净，在清水中浸泡 6～8 小时；高粱米淘洗干净，用清水浸泡 2 小时。❷将浸泡好的食材放入豆浆机，加水，煮至豆浆做好。❸过滤，按个人口味趁热添加适量白糖或冰糖调味，不宜吃糖的患者，可用蜂蜜代替。不喜甜者也可不加糖。

 【贴士】在使用铁剂和碳酸氢钠治疗疾病时，请不要食用高粱红豆豆浆。因为高粱含较多的鞣酸，特别是杂交高粱，含鞣酸高达 13%，可使含铁制剂变质，不能吸收，还可使碳酸氢钠分解，降低疗效，并且还能使生物碱沉淀失去作用。

【养生功效】健脾胃、助消化

【健脾和胃】

【养生功效】健脾、补血

桂圆红枣豆浆

【材料】黄豆 100 克，桂圆 5 个，红枣 5 个，清水、白糖或冰糖适量。

【做法】❶将黄豆清洗干净后，在清水中浸泡 6 ~ 8 小时，泡至发软备用；桂圆去皮去核；红枣去核，洗净。❷将浸泡好的黄豆同桂圆、红枣一起放入豆浆机的杯体中，添加清水至上下水位线之间，启动机器，煮至豆浆机提示桂圆红枣豆浆做好。❸将打出的桂圆红枣豆浆过滤后，按个人口味趁热添加适量白糖或冰糖调味，不宜吃糖的患者，可用蜂蜜代替。不喜甜者也可不加糖。

【贴士】桂圆不宜多食，否则容易上火。这款豆浆不适合孕妇食用。

【养生功效】养脾胃

杏仁芡实薏米豆浆

【材料】黄豆 50 克，杏仁 30 克，薏米 20 克，芡实 10 克，清水、白糖或冰糖适量。

【做法】❶将黄豆洗净后，在清水中浸泡 6 ~ 8 小时；杏仁洗净，泡软；薏米淘洗干净，用清水浸泡 2 小时；芡实洗净，沥干水分。❷将浸泡好的黄豆、薏米和杏仁、芡实一起放入豆浆机，加水煮至豆浆做好。❸过滤后，按个人口味趁热添加适量白糖或冰糖调味，不宜吃糖的患者，可用蜂蜜代替。不喜甜者也可不加糖。

【贴士】薏米和芡实的口感稍显粗糙，加入杏仁可以使豆浆的口感更平顺。用料的比例可按照自己的需要和喜好调整。

【养生功效】暖胃又补血

糯米红枣豆浆

【材料】糯米 25 克，红枣 25 克，黄豆 50 克，清水、白糖或冰糖适量。

【做法】❶将黄豆清洗干净后，在清水中浸泡 6 ~ 8 小时，泡至发软备用；糯米淘洗干净，用清水浸泡 2 小时；红枣洗净并去核后，切碎待用。❷将浸泡好的黄豆、糯米和红枣一起放入豆浆机的杯体中，添加清水至上下水位线之间，启动机器，煮至豆浆机提示糯米红枣豆浆做好。❸过滤后，按个人口味趁热添加适量白糖或冰糖调味，不宜吃糖的患者，可用蜂蜜代替。不喜甜者也可不加糖。

【贴士】有湿热痰火征象的人或者热体体质者不宜饮用糯米红枣豆浆。

【养生功效】健脾、减肥

健脾和胃

红薯青豆豆浆

【材料】 红薯 25 克，青豆 25 克，黄豆 50 克，清水适量。

【做法】 ❶将黄豆、青豆清洗干净后，在清水中浸泡 6 ~ 8 小时，红薯去皮后切成小丁，下入开水中略焯，捞出。❷将浸泡好的黄豆、青豆同红薯一起放入豆浆机的杯体中，添加清水至上下水位线之间，启动机器，煮至豆浆机提示红薯青豆豆浆做好。❸过滤后即可饮用。

贴士

红薯最好在午餐时吃，因为我们吃完红薯后，其中所含的钙质需要在人体内经过 4 ~ 5 小时进行吸收，而下午的日光照射正好可以促进钙的吸收。这种情况下，在午餐时吃红薯，钙质可以在晚餐前全部被吸收，不会影响晚餐时其他食物中钙的吸收。

【养生功效】健脾祛湿

薏米山药豆浆

【材料】 薏米 30 克，山药 30 克，黄豆 40 克，清水适量。

【做法】 ❶将黄豆清洗干净后，在清水中浸泡 6 ~ 8 小时，泡至发软备用；山药去皮后切成小丁，下入开水中略焯，捞出后沥干；薏米淘洗干净，用清水浸泡 2 小时。❷将浸泡好的黄豆同薏米、山药一起放入豆浆机的杯体中，添加清水至上下水位线之间，启动机器，煮至豆浆机提示薏米山药豆浆做好。❸过滤后即可饮用。

贴士

山药切片后立即浸泡在盐水中，可以防止氧化发黑。新鲜山药切开时会有黏液，极易滑刀伤手，可以先用清水加少许醋洗一下，这样可减少黏液。

【养生功效】利水消肿、健脾益胃

薏米红豆浆

【材料】 薏米 30 克，红小豆 70 克，清水、白糖或冰糖适量。

【做法】 ❶将红小豆清洗干净后，在清水中浸泡 6 ~ 8 小时，泡至发软备用；薏米淘洗干净，用清水浸泡 2 小时。❷将浸泡好的红小豆和薏米一起放入豆浆机的杯体中，添加清水至上下水位线之间，启动机器，煮至豆浆机提示薏米红豆浆做好。❸过滤后，按个人口味趁热添加适量白糖或冰糖调味，不宜吃糖的患者，可用蜂蜜代替。不喜甜者也可不加糖。

贴士

孕妇、便秘者、尿频者不宜多食薏米红豆浆。体质属虚性者以及肠胃较弱的人不宜多食。饮用薏米红豆浆时不宜同时吃咸味较重的食物，不然会削减其利尿的功效。

【护心去火】

【养生功效】夏日养心佳酿

百合红绿豆浆

【材料】绿豆20克，红豆40克，鲜百合20克，清水、白糖或冰糖适量。

【做法】❶将绿豆、红豆清洗干净后，在清水中浸泡6～8小时，泡至发软备用；鲜百合洗干净，分瓣。❷将浸泡好的绿豆、红豆和鲜百合一起放入豆浆机的杯体中，添加清水至上下水位线之间，启动机器，煮至豆浆机提示百合红绿豆浆做好。❸过滤后，按个人口味趁热添加适量白糖或冰糖调味，不宜吃糖的患者，可用蜂蜜代替。不喜甜者也可不加糖。

 这款豆浆很适合夏季养心时使用，如果是冬季饮用，需要少放一点绿豆，因为绿豆本身性凉，不宜在寒冷的冬季多用。

【养生功效】清火又养心

荷叶莲子豆浆

【材料】荷叶35克，莲子25克，黄豆50克，清水、白糖或冰糖适量。

【做法】❶将黄豆洗净后，在清水中浸泡6～8小时；荷叶洗净、切碎；莲子清洗干净后略泡。❷将浸泡好的黄豆、莲子同荷叶一起放入豆浆机，加水煮至豆浆机提示荷叶莲子豆浆做好。❸过滤后，按个人口味趁热添加适量白糖或冰糖调味。

 市场上的莲子有一些是漂白处理过的，大家在挑选时要注意，那些一眼看上去都是泛白的，很漂亮的莲子，可能是经过漂白处理的。其实真正太阳晒，或者是烘干机烘干的莲子，颜色不可能全部都很白，它的颜色不会那么统一，而且白中还略微带点黄色的。

【养生功效】养心补血又养颜

红枣枸杞豆浆

【材料】红枣30克，枸杞20克，黄豆50克，清水、白糖或冰糖适量。

【做法】❶将黄豆清洗干净后，在清水中浸泡6～8小时，泡至发软备用；红枣洗干净，去核；枸杞洗干净，用清水泡软。❷将浸泡好的黄豆和枸杞、红枣一起放入豆浆机的杯体中，添加清水至上下水位线之间，启动机器，煮至豆浆机提示红枣枸杞豆浆做好。❸将打出的红枣枸杞豆浆过滤后，按个人口味趁热添加适量白糖或冰糖调味，不宜吃糖的患者，可用蜂蜜代替。不喜甜者也可不加糖。

贴士 给红枣去核的时候，可以找1个比铅笔稍细一点的硬铁棍，顺着枣核的方向穿过去就可以了，要小心一点，免得划伤手。

护心去火

小米红枣豆浆

【材料】小米30克，红枣20克，黄豆50克，清水、白糖或冰糖适量。

【做法】❶将黄豆清洗干净后，在清水中浸泡6~8小时，泡至发软备用；红枣洗干净，去核；小米淘洗干净，用清水浸泡2小时。❷将浸泡好的黄豆和红枣、小米一起放入豆浆机的杯体中，添加清水至上下水位线之间，启动机器，煮至豆浆机提示小米红枣豆浆做好。❸将打出的小米红枣豆浆过滤后，按个人口味趁热添加适量白糖或冰糖调味，不宜吃糖的患者，可用蜂蜜代替。不喜甜者也可不加糖。

贴士 痰湿偏盛、湿热内盛、气滞者忌食小米红枣豆浆。素体虚寒、小便清长者也不宜多食。

【养生功效】防治夏季突发心脏疾病

百合莲子豆浆

【材料】干百合30克，莲子20克，黄豆50克，清水、白糖或冰糖适量。

【做法】❶将黄豆洗净，在清水中浸泡6~8小时；干百合和莲子略泡。❷将浸泡好的黄豆、百合、莲子一起放入豆浆机，加水煮至豆浆机提示百合莲子豆浆做好。❸过滤后，按个人口味趁热添加适量白糖或冰糖调味，不宜吃糖的患者，可用蜂蜜代替。

贴士 百合虽能补气，亦伤肺气，不宜多服。风寒咳嗽、虚寒出血、脾胃不佳者忌食。由于百合偏凉性，胃寒的患者宜少食用百合莲子豆浆。

【养生功效】清心安神

橘柚豆浆

【材料】黄豆40克，橘子肉50克，柚子肉30克，清水适量。

【做法】❶将黄豆洗净，在清水中浸泡6~8小时。❷将浸泡好的黄豆同橘子肉、柚子肉一起放入豆浆机，加水煮至豆浆做好。❸将打出的橘柚豆浆过滤后，按个人口味趁热添加适量白糖或冰糖调味，不宜吃糖的患者，可用蜂蜜代替。不喜甜者也可不加糖。

贴士 橘子虽好，但也不宜多吃，因为橘子含有丰富的胡萝卜素，如果经常大量食用，可出现高胡萝卜素血症，表现为手、足皮肤泛黄，并逐渐蔓延至全身，可伴有恶心、呕吐、食欲缺乏、全身乏力等症状。

【养生功效】具有很好的败火作用

【护心去火】

【养生功效】清热泻火

薏米黄瓜豆浆

【材料】薏米30克，黄瓜20克，黄豆50克，清水、白糖或蜂蜜适量。

【做法】❶将黄豆清洗干净后，在清水中浸泡6～8小时，泡至发软备用；薏米淘洗干净，用清水浸泡2小时；黄瓜削皮、洗净后切成碎丁。❷将浸泡好的黄豆、薏米和黄瓜一起放入豆浆机的杯体中，添加清水至上下水位线之间，启动机器，煮至豆浆机提示薏米黄瓜豆浆做好。❸将打出的薏米黄瓜豆浆过滤后，按个人口味趁热添加适量白糖，或等豆浆稍凉后加入蜂蜜即可饮用。

【贴士】孕妇、便秘者、尿频者不宜多食薏米黄瓜豆浆。

【养生功效】清热去火

小米蒲公英绿豆浆

【材料】小米20克，绿豆50克，蒲公英20克，清水适量。

【做法】❶将绿豆清洗干净后，在清水中浸泡6～8小时，泡至发软备用；小米淘洗干净，用清水浸泡2小时；蒲公英洗净后加水煎汁，备用。❷将浸泡好的绿豆与小米一起放入豆浆机的杯体中，淋入蒲公英煎汁，添加清水至上下水位线之间，启动机器，煮至豆浆机提示小米蒲公英绿豆浆做好。❸过滤后即可饮用。

【贴士】最好能在豆浆中加入冰糖，因为冰糖有去肺火的功效。脾胃功能不好的人忌食小米蒲公英绿豆浆。阳虚外寒、脾胃虚弱者也忌食此豆浆。

【养生功效】清除多种上火

百合菊花绿豆浆

【材料】绿豆50克，鲜百合30克，菊花20克，清水、白糖适量。

【做法】❶将绿豆清洗干净后，在清水中浸泡6～8小时，泡至发软备用；菊花洗净；鲜百合洗干净，分瓣。❷将浸泡好的绿豆同百合、菊花一起放入豆浆机的杯体中，添加清水至上下水位线之间，启动机器，煮至豆浆机提示百合菊花绿豆浆做好。❸将打出的百合菊花绿豆浆过滤后，按个人口味趁热添加适量白糖或冰糖调味，不宜吃糖的患者，可用蜂蜜代替。不喜甜者也可不加糖。

【贴士】由于百合、绿豆、菊花均性凉，胃寒的患者宜少食用百合菊花绿豆浆。

百合荸荠大米豆浆

【材料】黄豆50克，大米20克，荸荠45克，鲜百合15克，清水、白糖或冰糖适量。

【做法】❶将黄豆洗净，在清水中浸泡6～8小时；大米淘洗干净，用清水浸泡2小时；荸荠去皮切丁；鲜百合洗净，分瓣。❷将上述食材一起放入豆浆机，加水煮至豆浆做好。❸过滤，加糖调味。

（贴士）荸荠在淤泥中生长，所以外皮上通常会附着较多的细菌和寄生虫，食用时一定要去皮，否则对健康无利；百合虽能补气，同时也伤肺气，故不宜多服。风寒咳嗽、虚寒出血、脾胃不佳者忌食这款豆浆。

【养生功效】润燥泻火

金银花绿豆浆

【材料】金银花50克，绿豆50克，清水、白糖或冰糖适量。

【做法】❶将绿豆清洗干净后，在清水中浸泡6～8小时，泡至发软备用；金银花清洗干净后泡开。❷将浸泡好的绿豆和金银花一起放入豆浆机的杯体中，添加清水至上下水位线之间，启动机器，煮至豆浆机提示金银花绿豆浆做好。❸将打出的金银花绿豆浆过滤后，按个人口味趁热添加适量白糖或冰糖调味，不宜吃糖的患者，可用蜂蜜代替。也可不加糖。

（贴士）脾胃虚寒、气虚疮疡脓清者不宜食用金银花绿豆浆。

【养生功效】疏散风热、消肿

西芹薏米绿豆浆

【材料】绿豆50克，薏米20克，西芹30克，清水、白糖或冰糖适量。

【做法】❶将绿豆清洗干净后，在清水中浸泡6～8小时，泡至发软备用；薏米淘洗干净，用清水浸泡2小时；西芹洗净，切段。❷将浸泡好的绿豆、薏米和西芹一起放入豆浆机的杯体中，添加清水至上下水位线之间，启动机器，煮至豆浆机提示西芹薏米绿豆浆做好。❸过滤后，按个人口味趁热添加适量白糖或冰糖调味。

（贴士）这款豆浆除了清火、利水外，还有美白的功效，不仅可以饮用，还可以外敷，将面膜纸用西芹薏米绿豆浆浸湿后敷在脸上，15分钟后取下，用清水洗净面部就可以了。

【养生功效】清火、利水

补肝强肝

【养生功效】预防脂肪肝

枸杞青豆豆浆

【材料】 黄豆50克，青豆50克，枸杞5～7粒，清水、白糖或冰糖各适量。

【做法】 ❶将黄豆、青豆清洗干净后，在清水中浸泡6～8小时，泡至发软备用；枸杞洗干净后，用温水泡开。❷将浸泡好的黄豆、青豆和枸杞一起放入豆浆机的杯体中，添加清水至上下水位线之间，启动机器，煮至豆浆机提示枸杞青豆豆浆做好。❸过滤后，按个人口味趁热往豆浆中添加适量白糖或冰糖调味，不宜吃糖的患者，可用蜂蜜代替。

贴士 枸杞温热身体的功效很强，正在感冒发烧、身体有炎症、腹泻的人不宜食用这款豆浆。

【养生功效】春季温补肝脏

黑米枸杞豆浆

【材料】 黑米25克，黄豆50克，枸杞5～7粒，清水、白糖适量。

【做法】 ❶将黄豆洗净，在清水中浸泡6～8小时；黑米淘洗干净后，用清水浸泡2小时；枸杞洗干净后，用温水泡开。❷将食材放入豆浆机，加水煮至豆浆做好。❸将打出的黑米枸杞豆浆过滤后，按个人口味趁热添加适量白糖或冰糖调味，不宜吃糖的患者，可用蜂蜜代替。不喜甜者也可不加糖。

 贴士 黑米因其外部有一层较坚韧的种皮，所以不容易煮烂，吃未煮烂的黑米，容易引起肠胃紊乱。病后消化能力弱的人不宜吃黑米，可用紫米来代替。

【养生功效】护肝、调肝病

葡萄玉米豆浆

【材料】 玉米渣30克，鲜葡萄20克，黄豆50克，清水、白糖适量。

【做法】 ❶将黄豆洗净，在清水中浸泡6～8小时；玉米渣用清水浸泡2小时；葡萄去皮去子。❷将浸泡好的黄豆、玉米渣和葡萄一起放入豆浆机，加水煮至豆浆做好。❸将打出的葡萄玉米豆浆过滤后，按个人口味趁热添加适量白糖或冰糖调味，不宜吃糖的患者，可用蜂蜜代替。不喜甜者也可不加糖。

 贴士 鲜葡萄也可以换成葡萄干。因葡萄含糖分高，故糖尿病患者不宜过多饮用这款豆浆。葡萄不宜与水产品同时食用，吃完水产品要等2小时才可以饮用这款豆浆。

补肝强肝

五豆红枣豆浆

【材料】黄豆、黑豆、豌豆、青豆、花生各 20 克，红枣适量，清水、白糖或冰糖适量。

【做法】❶将黄豆、黑豆、豌豆、青豆清洗干净后，在清水中浸泡6～8小时，泡至发软备用；花生洗干净，略泡；红枣洗干净，去核。❷将上述食材一起放入豆浆机，加水煮至豆浆机提示五豆红枣豆浆做好。❸将打出的五豆红枣豆浆过滤后，按个人口味趁热添加适量白糖或冰糖调味，不宜吃糖的患者，可用蜂蜜代替。不喜甜者也可不加糖。

贴士　糖尿病患者不宜多食五豆红枣豆浆。

【养生功效】善补肝阴润五脏

生菜青豆浆

【材料】生菜 30 克，青豆 70 克，清水适量。

【做法】❶将青豆清洗干净后，在清水中浸泡 6～8 小时，泡至发软备用；生菜洗净后切碎。❷将浸泡好的青豆和切好的生菜一起放入豆浆机的杯体中，添加清水至上下水位线之间，启动机器，煮至豆浆机提示生菜青豆浆做好。❸将打出的生菜青豆浆过滤后即可饮用。

贴士　生菜性凉，患有尿频和胃寒的人不宜多饮生菜青豆浆。

【养生功效】清肝养胃

青豆黑米豆浆

【材料】黑米 25 克，青豆 25 克，黄豆 40 克，清水、白糖或冰糖适量。

【做法】❶将黄豆、青豆清洗干净后，在清水中浸泡 6～8 小时，泡至发软备用；黑米淘洗干净后，用清水浸泡 2 小时。❷将浸泡好的黄豆、青豆和黑米一起放入豆浆机的杯体中，添加清水至上下水位线之间，启动机器，煮至豆浆机提示青豆黑米豆浆做好。❸将打出的青豆黑米豆浆过滤后，按个人口味趁热添加适量白糖或冰糖调味，不宜吃糖的患者，可用蜂蜜代替。不喜甜者也可不加糖。

贴士　脾胃虚弱的小儿、老人、久病体虚人群不宜多食青豆黑米豆浆。腹泻者勿食用。

【养生功效】滋养肝脏

固肾益精

【养生功效】补肾益气

芝麻黑豆浆

【材料】芝麻 30 克，黑豆 70 克，清水、白糖或冰糖各适量。

【做法】❶ 将黑豆洗净后，在清水中浸泡 6 ~ 8 小时；芝麻淘去沙粒。❷ 将浸泡好的黑豆和洗净的芝麻一起放入豆浆机，加水煮至豆浆做好。❸ 将打出的芝麻黑豆浆过滤后，按个人口味趁热往豆浆中添加适量白糖或冰糖调味，患有糖尿病、高血压、高血脂等不宜吃糖的患者，可用蜂蜜代替。不喜甜者也可不加糖。

贴士　黑豆有解药毒的作用，同时也可降低中药药效，所以正在服中药者忌食芝麻黑豆浆。芝麻虽好，食用时也有一定的禁忌，患有慢性肠炎、便溏腹泻者忌食。

【养生功效】补肾养血

黑枣花生豆浆

【材料】黑枣 4 枚，花生 25 克，黄豆 70 克，清水、白糖或冰糖各适量。

【做法】❶ 将黄豆清洗干净后，在清水中浸泡 6 ~ 8 小时，泡至发软备用；黑枣洗净，去核，切碎；花生去皮。❷ 将浸泡好的黄豆和洗净的黑枣、去皮的花生一起放入豆浆机的杯体中，加水至上下水位线之间，启动机器，煮至豆浆机提示黑枣花生豆浆做好。❸ 过滤后，按个人口味趁热添加适量白糖或冰糖调味。

贴士　优质黑枣枣皮乌亮而有光，黑里泛红，干燥而坚实，皮薄皱纹细浅。若手感潮湿，枣皮乌黑暗淡，颗粒不匀，皮纹粗而深暗，顶部有小洞，口感粗糙，味淡薄，有明显酸味或苦味，则为质次黑枣，不要选购。

【养生功效】『养肾好手』强肾气

黑米芝麻豆浆

【材料】黑芝麻 10 克，黑米 30 克，黑豆 50 克，清水、白糖适量。

【做法】❶ 将黑豆清洗干净后，在清水中浸泡 6 ~ 8 小时，泡至发软备用；芝麻淘去沙粒；黑米清洗干净，并在清水中浸泡 2 小时。❷ 将浸泡好的黑豆和洗净的黑芝麻、黑米一起放入豆浆机的杯体中，加水至上下水位线之间，启动机器，煮至豆浆机提示黑米芝麻豆浆做好。❸ 将打出的黑米芝麻豆浆过滤后，按个人口味趁热往豆浆中添加适量白糖调味。

贴士　"黑五类"即黑米、黑豆、黑芝麻、黑枣、黑荞麦，这是最典型的代表，食材也比较容易得到。"黑五类"个个都是养肾的"好手"。

桂圆山药核桃黑豆浆

【材料】黑豆50克，山药30克，核桃20克，桂圆、清水适量。

【做法】❶将黑豆清洗干净后，在清水中浸泡6～8小时，泡至发软备用；山药去皮后切成小丁，下入开水中略焯，捞出后沥干；桂圆去皮、去核；核桃仁备用。❷将浸泡好的黑豆同核桃、山药、桂圆一起放入豆浆机的杯体中，添加清水至上下水位线之间，启动机器，煮至豆浆机提示桂圆山药核桃黑豆浆做好。❸将打出的桂圆山药核桃黑豆浆过滤后即可饮用。

【贴士】大便干燥者不宜食用桂圆山药豆浆。孕妇应慎食。

【养生功效】益肾补虚

固肾益精

红豆枸杞豆浆

【材料】红豆15克，枸杞15克，黄豆50克，清水、白糖或冰糖适量。

【做法】❶将黄豆、红豆清洗干净后，在清水中浸泡6～8小时，泡至发软备用；红枣洗干净，去核；枸杞洗干净，用清水泡软。❷将浸泡好的黄豆、红豆、枸杞一起放入豆浆机的杯体中，添加清水至上下水位线之间，启动机器，煮至豆浆机提示红豆枸杞豆浆做好。❸将打出的红豆枸杞豆浆过滤后，按个人口味趁热添加适量白糖或冰糖调味，不宜吃糖的患者，可用蜂蜜代替。不喜甜者也可不加糖。

【贴士】枸杞性质比较温和，多吃一点没有大碍，但若毫无节制，进食过多也会上火。

【养生功效】补肾、缓解疲劳

木耳黑米豆浆

【材料】黑米50克，黄豆50克，木耳20克，清水、白糖或蜂蜜适量。

【做法】❶将黄豆清洗干净后，在清水中浸泡6～8小时，泡至发软备用；黑米淘洗干净，用清水浸泡2小时；木耳洗净，用温水泡发。❷将浸泡好的黄豆、木耳同黑米一起放入豆浆机的杯体中，添加清水至上下水位线之间，启动机器，煮至豆浆机提示木耳黑米豆浆做好。❸过滤后，按个人口味趁热添加适量白糖，或等豆浆稍凉后加入蜂蜜即可饮用。

【贴士】新鲜木耳中含有一种叫作"卟啉"的物质，人吃了新鲜木耳后，经阳光照射会发生植物日光性皮炎，使皮肤暴露部分出现红肿、痒痛。所以最好选用经过处理的干木耳。

【养生功效】滋肾养胃

固肾益精

〔养生功效〕补肾益精、乌发

枸杞黑豆豆浆

【材料】 黑豆 50 克，黄豆 50 克，枸杞 5 ~ 7 粒，清水、白糖或冰糖各适量。

【做法】 ❶将黄豆、黑豆清洗干净后，在清水中浸泡 6 ~ 8 小时，泡至发软备用；枸杞洗干净后，用温水泡开。❷将浸泡好的黄豆、黑豆和枸杞一起放入豆浆机的杯体中，添加清水至上下水位线之间，启动机器，煮至豆浆机提示枸杞黑豆豆浆做好。❸过滤后，按个人口味趁热往豆浆中添加适量白糖或冰糖调味，患有不宜吃糖的患者，可用蜂蜜代替。

贴士 在没有时间做豆浆的时候，也可以通过嚼服枸杞的方式达到补肾的目的，一般每天 2 ~ 3 次，每次 10 克枸杞即可。

〔养生功效〕改善肾虚症状

黑米核桃黑豆豆浆

【材料】 黄豆 50 克，黑豆 20 克，黑米 10 克，核桃 10 克，蜂蜜 10 克，清水适量。

【做法】 ❶将黄豆、黑豆清洗干净后，在清水中浸泡 6 ~ 8 小时，泡至发软备用；黑米淘洗干净，用水浸泡 2 小时；核桃仁准备好。❷将浸泡好的黄豆、黑豆、黑米和核桃一起放入豆浆机，加水煮至豆浆做好。❸将打出的黑米核桃黑豆豆浆过滤后，趁热添加入蜂蜜即可。

贴士 辨别黑豆真假主要看黑豆上的胚芽口是否为白色。所有正宗黑豆的胚芽口都是白色的。如果发现胚芽口是黑色的，说明该黑豆是经过染色的豆子，属假黑豆。

〔养生功效〕温暖怕冷畏寒的肾虚人群

紫米核桃黑豆浆

【材料】 紫米、黑豆、黑芝麻、核桃各 20 克，红枣 4 颗，清水、白糖或冰糖适量。

【做法】 ❶将黑豆洗净后，在清水中浸泡 6 ~ 8 小时；紫米淘洗干净，用清水浸泡 2 小时；黑芝麻、核桃仁备用；红枣洗净去核，加温水泡开。❷将食材放入豆浆机，加水煮至豆浆机提示紫米核桃黑豆浆做好。❸将打出的紫米核桃黑豆浆过滤后，按个人口味趁热添加适量白糖或冰糖调味，不宜吃糖的患者，可用蜂蜜代替。

贴士 紫米并不是黑米，它属于糯米类，与普通大米的区别是种皮有一层薄薄的紫色物质，故而得名紫米。

莲子百合绿豆豆浆

【材料】百合 15 克，莲子 15 克，绿豆、黄豆各 30 克，清水、白糖或冰糖适量。

【做法】❶ 将黄豆、绿豆洗净，在清水中浸泡 6 ～ 8 小时；干百合和莲子清洗干净后略泡。❷ 将上述食材一起放入豆浆机的杯体中，加水，煮至豆浆做好。❸ 将打出的莲子百合绿豆豆浆过滤后，按个人口味趁热添加适量白糖或冰糖调味。

贴士 百合鲜品目前市面上有鲜百合和干百合，鲜百合口感比较好，也容易煮烂，干百合煮熟后口感带酸。所以在选用百合的时候，最后选用鲜百合。

【养生功效】清肺热、除肺燥

木瓜西米豆浆

【材料】黄豆 70 克，西米 30 克，木瓜 1 块，清水、白糖或冰糖适量。

【做法】❶ 将黄豆洗净后，在清水中浸泡 6 ～ 8 小时；西米淘洗干净，用清水浸泡 2 小时；木瓜去皮去子，切成小块。❷ 将浸泡好的黄豆、西米和木瓜一起放入豆浆机，加水煮至豆浆机提示木瓜西米豆浆做好。❸ 将打出的木瓜西米豆浆过滤后，按个人口味趁热添加适量白糖或冰糖调味，不宜吃糖的患者，可用蜂蜜代替。不喜甜者也可不加糖。

贴士 木瓜有公母之分。公木瓜为椭圆形，看起来比较笨重，核少肉结实，味甜香。母木瓜身稍长，核多肉松，味稍差。大家在挑选的时候，可以注意一下。

【养生功效】润肺、化痰

百合糯米豆浆

【材料】百合 15 克，糯米 20 克，黄豆 50 克，清水、白糖或蜂蜜适量。

【做法】❶ 将黄豆洗净，在清水中浸泡 6 ～ 8 小时；糯米淘洗干净，用水浸泡 2 小时；百合洗净，略泡，切碎；红枣洗干净，去核。❷ 将浸泡好的黄豆、糯米和百合、红枣一起放入豆浆机，加水煮至豆浆机提示百合糯米豆浆做好。❸ 将打出的百合糯米豆浆过滤后，按个人口味趁热添加适量白糖，或等豆浆稍凉后加入蜂蜜即可饮用。

贴士 因为鲜百合需要冰冻储藏，所以市场里如果是在常温条件下摆卖，就很容易变质。购买时最好要求卖主在付钱后打开包装让你检查，以便及时退换。

【养生功效】缓解肺热、消除烦躁

润肺补气

【养生功效】养阴润肺

荸荠百合雪梨豆浆

【材料】 百合 20 克，荸荠 20 克，黄豆 50 克，雪梨 1 个，清水、白糖或冰糖适量。

【做法】 ❶将黄豆洗净，在清水中浸泡 6 ~ 8 小时；百合洗净，略泡，切碎；荸荠去皮，洗净，切碎；雪梨洗净，去皮、核，切成小块。❷将浸泡好的黄豆和荸荠、百合、雪梨一起放入豆浆机，加水煮至豆浆机提示荸荠百合雪梨豆浆做好。❸过滤后，按个人口味趁热添加适量白糖或冰糖调味，不宜吃糖的患者，可用蜂蜜代替。也可不加糖。

【贴士】 荸荠百合雪梨豆浆不适合消化能力弱、脾胃虚寒的人饮用。

【养生功效】对付秋燥咳嗽

糯米莲藕百合豆浆

【材料】 糯米 20 克，百合 10 克，莲藕 30 克，黄豆 40 克，清水、白糖或冰糖适量。

【做法】 ❶将黄豆清洗干净后，在清水中浸泡 6 ~ 8 小时；糯米洗净，在清水中浸泡 2 小时；百合洗净，略泡，切碎；莲藕洗净去皮后，切成碎丁。❷将食材放入豆浆机，加水煮至豆浆机提示糯米莲藕百合豆浆做好。❸过滤后，按个人口味趁热添加适量白糖或冰糖即可饮用。

【贴士】 由于百合偏凉性，胃寒的患者宜少食用糯米莲藕百合豆浆。因感冒风寒引起的咳嗽者也不宜饮用这款豆浆。

【养生功效】改善肺气虚、气血不足

黄芪大米豆浆

【材料】 黄芪、大米各 25 克，黄豆 50 克，清水、白糖或冰糖适量。

【做法】 ❶将黄豆洗净，在清水中浸泡 6 ~ 8 小时，泡至发软备用；黄芪煎汁备用；大米淘洗干净备用。❷将浸泡好的黄豆和大米一起放入豆浆机，淋入黄芪汁，加水煮至豆浆机提示黄芪大米豆浆做好。❸过滤后，按个人口味趁热添加适量白糖或冰糖调味，不宜吃糖的患者，可用蜂蜜代替。不喜甜者也可不加糖。

【贴士】 黄芪煎汁时，可先将黄芪放进砂锅中，加适量清水浸泡半小时，上火烧开后，转成小火继续煎半小时，去渣取汁即可。感冒发烧、胸腹有满闷感者不宜食用这款豆浆。

第四篇

豆浆养颜方——好身材，好容颜

养颜润肤

〔养生功效〕改善暗黄肌肤

玫瑰花红豆浆

【材料】 玫瑰花5~8朵，红豆90克，清水、白糖或冰糖适量。

【做法】 ①将红豆清洗干净后，在清水中浸泡6~8小时，泡至发软备用；玫瑰花瓣仔细清洗干净后备用。②将浸泡好的红豆和玫瑰花一起放入豆浆机的杯体中，添加清水至上下水位线之间，启动机器，煮至豆浆机提示玫瑰花红豆浆做好。③将打出的玫瑰花红豆浆过滤后，按个人口味趁热添加适量白糖或冰糖调味，以减少玫瑰花的涩味。不宜吃糖的患者，可用蜂蜜代替。

（贴士）玫瑰花具有活血化瘀的作用，孕妇不宜饮用这款豆浆，以免导致流产。

〔养生功效〕滋润肌肤、补充水分

茉莉玫瑰花豆浆

【材料】茉莉花3朵，玫瑰花3朵，黄豆90克，清水、白糖或冰糖适量。

【做法】 ①将黄豆清洗干净后，在清水中浸泡6~8小时，泡至发软备用；茉莉花瓣、玫瑰花瓣清洗干净后备用。②将浸泡好的黄豆和茉莉花、玫瑰花一起放入豆浆机的杯体中，添加清水至上下水位线之间，启动机器，煮至豆浆机提示茉莉玫瑰花豆浆做好。③将打出的茉莉玫瑰花豆浆过滤后，按个人口味趁热添加适量白糖或冰糖调味，不宜吃糖的患者，可用蜂蜜代替。

（贴士）茉莉花开花时节，可以用新鲜的茉莉花制作这款豆浆，香气更加浓郁。

〔养生功效〕美白滋润肌肤

香橙豆浆

【材料】 橙子1个，黄豆50克，清水、白糖或冰糖适量。

【做法】 ①将黄豆清洗干净后，在清水中浸泡6~8小时，泡至发软备用；橙子去皮、去籽后撕碎。②将浸泡好的黄豆和橙子一起放入豆浆机的杯体中，添加清水至上下水位线之间，启动机器，煮至豆浆机提示香橙豆浆做好。③将打出的香橙豆浆过滤后，按个人口味趁热添加适量白糖或冰糖调味，不宜吃糖的患者，可用蜂蜜代替。

（贴士）橙子味美但不要吃得过多，过多食用橙子等柑橘类水果会引起中毒。这款豆浆不适合脾胃虚寒腹泻者及糖尿病患者，贫血病人也不宜多饮。

牡丹豆浆

【材料】 牡丹花球 5～8 朵，黄豆 80 克，清水、白糖或冰糖适量。

【做法】 ❶将黄豆清洗干净后，在清水中浸泡 6～8 小时，泡至发软备用；牡丹花球去蒂后，仔细清洗干净后备用。❷将浸泡好的黄豆和牡丹花一起放入豆浆机的杯体中，添加清水至上下水位线之间，启动机器，煮至豆浆机提示牡丹豆浆做好。❸将打出的牡丹豆浆过滤后，按个人口味趁热添加适量白糖或冰糖调味，也可以用蜂蜜代替。

贴士 如果不要求口感一定细腻，这款豆浆也可以不过滤。

【养生功效】塑造『国色天香』的美丽佳人

养颜润肤

红枣莲子豆浆

【材料】 红枣 15 克，莲子 15 克，黄豆 50 克，清水、白糖或冰糖适量。

【做法】 ❶将黄豆清洗干净后，在清水中浸泡 6～8 小时，泡至发软备用；红枣洗净，去核，切碎；莲子清洗干净后略泡。❷将浸泡好的黄豆和红枣、莲子一起放入豆浆机的杯体中，添加清水至上下水位线之间，启动机器，煮至豆浆机提示红枣莲子豆浆做好。❸将打出的红枣莲子豆浆过滤后，按个人口味趁热添加适量白糖或冰糖调味，不宜吃糖的患者，可用蜂蜜代替。不喜甜者也可不加糖。

贴士 糖尿病患者应当少食或者不食红枣莲子豆浆。

【养生功效】养血安神、抗衰老

红豆黄豆豆浆

【材料】 黄豆 30 克，红豆 60 克，蜂蜜 10 克，清水适量。

【做法】 ❶将黄豆、红豆清洗干净后，在清水中浸泡 6～8 小时，泡至发软备用。❷将浸泡好的黄豆和红豆一起放入豆浆机的杯体中，添加清水至上下水位线之间，启动机器，煮至豆浆机提示豆浆做好。❸将打出的豆浆过滤后，稍凉后添加蜂蜜即可。

贴士 这款豆浆在夏季饮用，美肤的效果更佳。

【养生功效】排毒美肤

【养颜润肤】

【养生功效】改善面色暗沉

薏米玫瑰豆浆

【材料】薏米20克，玫瑰花15朵，黄豆50克，清水、白糖适量。

【做法】❶将黄豆清洗干净后，在清水中浸泡6～8小时，泡至发软备用；玫瑰花洗净；薏米淘洗干净，用清水浸泡2小时。❷将浸泡好的黄豆、薏米和玫瑰花一起放入豆浆机的杯体中，添加清水至上下水位线之间，启动机器，煮至豆浆机提示薏米玫瑰豆浆做好。❸过滤后，按个人口味趁热添加适量白糖调味，不宜吃糖的患者，可用蜂蜜代替。不喜甜者也可不加糖。

【贴士】因为玫瑰花能活血化瘀，多食薏米能滑胎，所以孕妇不宜食用此豆浆，以免导致流产。

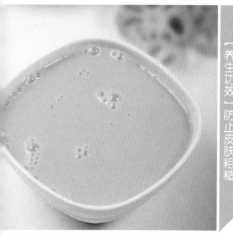

【养生功效】防止皮肤粗糙

百合莲藕绿豆浆

【材料】鲜百合5克，莲藕30克，绿豆70克，清水、白糖或蜂蜜适量。

【做法】❶将绿豆清洗干净后，在清水中浸泡6～8小时，泡至发软备用；百合洗净，略泡，切碎；莲藕去皮，洗净，切碎。❷将浸泡好的绿豆同百合、莲藕一起放入豆浆机的杯体中，添加清水至上下水位线之间，启动机器，煮至豆浆机提示百合莲藕绿豆浆做好。❸过滤后，按个人口味趁热添加适量白糖，或等豆浆稍凉后加入蜂蜜即可饮用。

【贴士】食用莲藕，要挑选外皮呈黄褐色，肉肥厚而白的，如果发黑，有异味，则不宜食用。藕皮也有平喘止咳的功效，如果有需要也可以不去掉，但是一定要清洗干净。

【养生功效】美白淡斑

西芹薏米豆浆

【材料】黄豆50克，薏米20克，西芹30克，清水、白糖或冰糖适量。

【做法】❶将黄豆清洗干净后，在清水中浸泡6～8小时，泡至发软备用；薏米淘洗干净，用清水浸泡2小时；西芹洗净，切段。❷将浸泡好的黄豆、薏米和西芹一起放入豆浆机的杯体中，添加清水至上下水位线之间，启动机器，煮至豆浆机提示西芹薏米豆浆做好。❸将打出的西芹薏米豆浆过滤后，按个人口味趁热添加适量白糖或冰糖调味，不宜吃糖的患者，可用蜂蜜代替。不喜甜者也可不加糖。

【贴士】脾胃虚寒、肠滑不固者、血压偏低者及婚育期男士不宜多食西芹薏米豆浆。

大米红枣豆浆

【材料】 大米25克，红枣25克，黄豆50克，清水、白糖或冰糖适量。

【做法】 ❶将黄豆洗净后，在清水中浸泡6~8小时；大米淘洗干净，用清水浸泡2小时；红枣洗净并去核后，切碎待用。❷将浸泡好的黄豆、大米和红枣一起放入豆浆机，加水煮至豆浆机提示大米红枣豆浆做好。❸将打出的大米红枣豆浆过滤后，按个人口味趁热添加适量白糖或冰糖调味，不宜吃糖的患者，可用蜂蜜代替。不喜甜者也可不加糖。

 腹胀者不适合饮用这款豆浆，以免生湿积滞，越喝肚子的胀风情况越无法改善。体质燥热的女性，不适合在月经期间饮用这款豆浆，这可能会造成经血过多。

【养生功效】天然的养颜方

桂花茯苓豆浆

【材料】 桂花10克，茯苓粉20克，黄豆70克，清水、白糖适量。

【做法】 ❶将黄豆清洗干净后，在清水中浸泡6~8小时，泡至发软备用；桂花清洗干净后备用。❷将浸泡好的黄豆和桂花一起放入豆浆机的杯体中，加入茯苓粉，添加清水至上下水位线之间，启动机器，煮至豆浆机提示桂花茯苓豆浆做好。❸将打出的桂花茯苓豆浆过滤后，按个人口味趁热添加适量白糖调味。

 桂花的香味强烈，所以在制作豆浆时忌过量饮用。另外，体质偏热、火热内盛者也要谨慎饮用。茯苓粉在中药店可以买到。熬煮的时候要不时搅拌一下，以免粘锅。

【养生功效】改善肤色

糯米黑豆浆

【材料】 糯米30克，黑豆70克，清水、白糖或蜂蜜适量。

【做法】 ❶将黑豆清洗干净后，在清水中浸泡6~8小时，泡至发软备用；糯米淘洗干净，用清水浸泡2小时。❷将浸泡好的黑豆同糯米一起放入豆浆机的杯体中，添加清水至上下水位线之间，启动机器，煮至豆浆机提示糯米黑豆浆做好。❸将打出的糯米黑豆浆过滤后，按个人口味趁热添加适量白糖或冰糖即可饮用。

 黑豆的嘌呤含量较高，尿酸过高的人一次不宜食用太多。

【养生功效】滋补又养颜

【美体减脂】

【养生功效】适宜水肿型肥胖

薏米红枣豆浆

【材料】 薏米30克，红枣20克，黄豆50克，清水、白糖或冰糖适量。

【做法】 ❶将黄豆清洗干净后，在清水中浸泡6～8小时，泡至发软备用；红枣洗净，去核，切碎；薏米淘洗干净，用清水浸泡2小时。❷将浸泡好的黄豆和红枣、薏米一起放入豆浆机的杯体中，添加清水至上下水位线之间，启动机器，煮至豆浆机提示薏米红枣豆浆做好。❸将打出的薏米红枣豆浆过滤后，按个人口味趁热添加适量白糖或冰糖调味，不宜吃糖的患者，可用蜂蜜代替。不喜甜者也可不加糖。

 因为红枣的糖分含量较高，所以糖尿病患者应当少食或者不食。凡是痰湿偏盛、湿热内盛、腹部胀满者也应忌食。

【养生功效】膳食纤维助瘦身

西芹绿豆浆

【材料】 西芹20克，绿豆80克，清水适量。

【做法】 ❶将绿豆清洗干净后，在清水中浸泡6～8小时，泡至发软备用；西芹择洗干净后，切成碎丁。❷将浸泡好的绿豆同西芹丁一起放入豆浆机的杯体中，添加清水至上下水位线之间，启动机器，煮至豆浆机提示西芹绿豆浆做好。❸将打出的西芹绿豆浆过滤后即可饮用。

 芹菜有两种，一种是西芹，一种是唐芹。如果你偏爱味道浓烈的食物，可选择唐芹。它的味道较强，减肥效果也非常好。

【养生功效】有助减肥

糙米红枣豆浆

【材料】 糙米30克，红枣20克，黄豆50克，清水、白糖或冰糖适量。

【做法】 ❶将黄豆清洗干净后，在清水中浸泡6～8小时，泡至发软备用；红枣洗净，去核，切碎；糙米淘洗干净，用清水浸泡2小时。❷将浸泡好的黄豆、糙米和红枣一起放入豆浆机的杯体中，添加清水至上下水位线之间，启动机器，煮至豆浆机提示糙米红枣豆浆做好。❸将打出的糙米红枣豆浆过滤后，按个人口味趁热添加适量白糖或冰糖调味，不宜吃糖的患者，可用蜂蜜代替。不喜甜者也可不加糖。

 因为红枣的糖分含量较高，所以糖尿病患者应当少食或者不食。凡是痰湿偏盛、湿热内盛、腹部胀满者也应忌食。

西芹荞麦豆浆

【材料】 西芹 20 克，荞麦 30 克，黄豆 50 克，清水、白糖或冰糖适量。

【做法】 ❶ 将黄豆清洗干净后，在清水中浸泡 6 ~ 8 小时，泡至发软备用；西芹择洗干净后，切成碎丁；荞麦淘洗干净，用清水浸泡 2 小时。❷ 将浸泡好的黄豆、荞麦和西芹一起放入豆浆机的杯体中，添加清水至上下水位线之间，启动机器，煮至豆浆机提示西芹荞麦豆浆做好。❸ 将打出的西芹荞麦豆浆过滤后，按个人口味趁热添加适量白糖或冰糖调味，不宜吃糖的患者，可用蜂蜜代替。不喜甜者也可不加糖。

【贴士】 由于芹菜有清热的特殊功效，故消化不良者和肠胃功能较差者，宜常饮西芹荞麦豆浆。

【养生功效】减肥、清理肠道

荷叶绿豆豆浆

【材料】 荷叶 20 克，绿豆 30 克，黄豆 50 克，清水适量。

【做法】 ❶ 将黄豆、绿豆清洗干净后，在清水中浸泡 6 ~ 8 小时，泡至发软备用；荷叶择洗干净后，切成碎丁。❷ 将浸泡好的黄豆、绿豆同切碎的荷叶一起放入豆浆机的杯体中，添加清水至上下水位线之间，启动机器，煮至豆浆机提示荷叶绿豆豆浆做好。❸ 过滤后即可饮用。

【贴士】 荷叶绿豆豆浆只适用于水肿型肥胖者及有便秘现象的肥胖者。荷叶性寒，从这个方面来说，荷叶绿豆豆浆并不适合体质虚弱或寒性体质的肥胖者，否则会导致腹泻，如果过量饮用，就会严重腹泻甚至脱水。

【养生功效】安全减肥

桑叶绿豆豆浆

【材料】 桑叶 20 克，绿豆 30 克，黄豆 50 克，清水适量。

【做法】 ❶ 将黄豆、绿豆清洗干净后，在清水中浸泡 6 ~ 8 小时，泡至发软备用；桑叶择洗干净后，切成碎丁。❷ 将浸泡好的黄豆、绿豆同切碎的桑叶一起放入豆浆机的杯体中，添加清水至上下水位线之间，启动机器，煮至豆浆机提示桑叶绿豆豆浆做好。❸ 将打出的桑叶绿豆豆浆过滤后即可饮用。

【贴士】 桑叶绿豆豆浆适合肝燥者食用。桑叶性寒，有疏风散热、润肺止咳的功效，因此，风寒感冒有口淡、鼻塞、流清涕、咳嗽的人不宜食用这款豆浆。

【养生功效】利水消肿

护发乌发

【养生功效】让头发黑亮起来

核桃蜂蜜豆浆

【材料】核桃仁 2 ～ 3 个，黄豆 80 克，蜂蜜 10 克、清水适量。

【做法】❶将黄豆清洗干净后，在清水中浸泡 6 ～ 8 小时，泡至发软。核桃仁备用，可碾碎。❷将浸泡好的黄豆和核桃仁一起放入豆浆机的杯体中，并加水至上下水位线之间，启动机器，煮至豆浆机提示豆浆做好。❸将打出的豆浆过滤后，待稍凉往豆浆中添加蜂蜜即可。

 挑选核桃时需注意，质量差的核桃仁碎泛油，黏手，色黑褐，有哈喇味，不能食用。如果把整个核桃放在水里，无仁核桃不会下沉，优质核桃则沉入水中。

【养生功效】补肾、乌发、防脱发

核桃黑豆浆

【材料】黑豆 80 克，核桃仁 1 ～ 2 颗，清水、白糖或冰糖适量。

【做法】❶将黑豆清洗干净后，在清水中浸泡 6 ～ 8 小时，泡至发软备用；核桃仁碾碎。❷将浸泡好的黑豆和碾碎的核桃仁一起放入豆浆机的杯体中，添加清水至上下水位线之间，启动机器，煮至豆浆机提示核桃黑豆浆做好。❸将打出的核桃黑豆浆过滤后，按个人口味趁热添加适量白糖或冰糖调味，不宜吃糖的患者，可用蜂蜜代替。不喜甜者也可不加糖。

 黑豆不适宜生吃，尤其是肠胃不好的人，生吃会出现胀气现象。

【养生功效】防治头发早白、脱落

芝麻核桃豆浆

【材料】黄豆 70 克，黑芝麻 20 克，核桃仁 1 ～ 2 颗，清水、白糖或冰糖适量。

【做法】❶将黄豆清洗干净后，在清水中浸泡 6 ～ 8 小时，泡至发软备用，黑芝麻淘去沙粒；核桃仁碾碎。❷将浸泡好的黄豆和黑芝麻、核桃仁一起放入豆浆机的杯体中，添加清水至上下水位线之间，启动机器，煮至豆浆机提示芝麻核桃豆浆做好。❸过滤后，按个人口味趁热添加适量白糖或冰糖调味，不宜吃糖的患者，可用蜂蜜代替。不喜甜者也可不加糖。

 不要剥掉核桃仁表面的褐色薄皮，因为这样会损失一部分营养。

芝麻黑米黑豆豆浆

【材料】 黄豆50克，黑芝麻10克，黑米20克，黑豆20克，清水、白糖或冰糖适量。

【做法】 ❶将黄豆、黑豆清洗干净后，在清水中浸泡6～8小时，泡至发软备用；黑芝麻淘去沙粒；黑米淘洗干净，用清水浸泡2小时。❷将浸泡好的黄豆、黑豆、黑米和黑芝麻一起放入豆浆机的杯体中，添加清水至上下水位线之间，启动机器，煮至豆浆机提示芝麻黑米黑豆豆浆做好。❸过滤后，按个人口味趁热添加适量白糖或冰糖调味。

【贴士】 脾胃虚弱的小儿不宜食用这款豆浆。

【养生功效】改善孩子的头发稀疏问题

芝麻蜂蜜豆浆

【材料】 黑芝麻30克，黄豆60克，蜂蜜10克，清水适量。

【做法】 ❶将黄豆清洗干净后，在清水中浸泡6～8小时，泡至发软备用；芝麻淘去沙粒。❷将浸泡好的黄豆和黑芝麻一起放入豆浆机的杯体中，添加清水至上下水位线之间，启动机器，煮至豆浆机提示芝麻蜂蜜豆浆做好。❸将打出的芝麻蜂蜜豆浆过滤后，待稍凉添加蜂蜜即可。

【贴士】 芝麻虽好，食用时也有一定的禁忌，那些有慢性肠炎，阳痿，遗精者，以及白带异常的人不宜食用芝麻蜂蜜豆浆。

【养生功效】适于中老年人的头发问题

芝麻花生黑豆浆

【材料】 黑豆50克，花生30克，黑芝麻20克，清水、白糖或冰糖适量。

【做法】 ❶将黑豆清洗干净后，在清水中浸泡6～8小时，泡至发软备用；芝麻淘去沙粒；花生去皮。❷将浸泡好的黑豆和花生、芝麻一起放入豆浆机的杯体中，添加清水至上下水位线之间，启动机器，煮至豆浆机提示芝麻花生黑豆浆做好。❸过滤后，按个人口味趁热添加适量白糖或冰糖调味，不宜吃糖的患者，可用蜂蜜代替。不喜甜者也可不加糖。

【贴士】 花生仁不要去除红衣，因为它能补血、养血、止血。

【养生功效】改善脱发、须发早白

抗衰防老

【养生功效】抗击衰老

茯苓米香豆浆

【材料】 黄豆60克，粳米25克，茯苓粉15克，清水、白糖或冰糖适量。

【做法】 ❶将黄豆清洗干净后，在清水中浸泡6～8小时，泡至发软备用；粳米淘洗干净，用清水浸泡2小时。❷将浸泡好的黄豆、粳米和茯苓粉一起放入豆浆机的杯体中，添加清水至上下水位线之间，启动机器，煮至豆浆机提示茯苓米香豆浆做好。❸过滤后，按个人口味趁热添加适量白糖或冰糖调味。

贴士 茯苓粉在中药店可以买到。熬煮的时候要不时搅拌一下，以免粘锅。

【养生功效】延缓衰老

杏仁芝麻糯米豆浆

【材料】 糯米20克，熟芝麻10克，杏仁10克，黄豆50克，清水、白糖或蜂蜜适量。

【做法】 ❶将黄豆洗净，在清水中浸泡6～8小时；糯米洗净，并在清水中浸泡2小时；芝麻和杏仁分别碾碎。❷将浸泡好的黄豆、糯米、芝麻、杏仁一起放入豆浆机，加水煮至豆浆做好。❸过滤后，按个人口味趁热添加适量白糖，或等豆浆稍凉后加入蜂蜜即可饮用。

贴士 家里面没有芝麻或者杏仁的，也可以用芝麻粉和杏仁粉代替；产妇、幼儿、病人，特别是糖尿病患者不宜食用杏仁芝麻糯米豆浆。

【养生功效】抗氧化、抗衰老

三黑豆浆

【材料】 黑豆50克，黑米30克，黑芝麻20克，清水、白糖适量。

【做法】 ❶将黑豆清洗干净后，在清水中浸泡6～8小时，泡至发软备用；黑米淘洗干净，用清水浸泡2小时；黑芝麻淘洗干净，用平底锅焙出香味待用。❷将浸泡好的黑豆、黑米和黑芝麻一起放入豆浆机的杯体中，添加清水至上下水位线之间，启动机器，煮至豆浆机提示三黑豆浆做好。❸将打出的三黑豆浆过滤后，按个人口味趁热添加适量白糖或冰糖调味。

贴士 黑芝麻用火焙一下，可以去除芝麻本身的涩味，磨成浆后口感比较好。

黑豆胡萝卜豆浆

【材料】胡萝卜 1/3 根，黑豆 30 克，黄豆 30 克，清水、白糖适量。

【做法】❶将黑豆和黄豆清洗干净后，在清水中浸泡 6～8 小时，泡至发软备用；胡萝卜去皮后切成小丁，下入开水中略焯，捞出后沥干。❷将浸泡好的黑豆、黄豆同胡萝卜丁一起放入豆浆机的杯体中，添加清水至上下水位线之间，启动机器，煮至豆浆机提示黑豆胡萝卜豆浆做好。❸将打出的黑豆胡萝卜豆浆过滤后，按个人口味趁热往豆浆中添加适量白糖调味。

 想要孩子的女性不宜多饮黑豆胡萝卜豆浆。另外，大量摄入胡萝卜素会令皮肤的色素产生变化，变成橙黄色。

【养生功效】抗氧化、防衰老

胡萝卜黑豆核桃豆浆

【材料】胡萝卜 1/3 根，黑豆 50 克，核桃仁 2 个，清水、白糖适量。

【做法】❶将黑豆清洗干净后，在清水中浸泡 6～8 小时，泡至发软备用；胡萝卜去皮后切成小丁，下入开水中略焯，捞出后沥干；核桃仁碾碎。❷将浸泡好的黑豆同胡萝卜丁、核桃一起放入豆浆机的杯体中，添加清水至上下水位线之间，启动机器，煮至豆浆机提示胡萝卜黑豆核桃豆浆做好。❸过滤后，按个人口味趁热往豆浆中添加适量白糖调味。

 想要怀孕的女性不宜多饮这款豆浆。另外，糖尿病者也要少饮胡萝卜黑豆核桃豆浆。

【养生功效】对抗自由基

核桃小麦红枣豆浆

【材料】小麦仁 30 克，核桃仁 2 个，红枣 5 个，黄豆 40 克，清水、白糖或冰糖各适量。

【做法】❶将黄豆洗净后，在清水中浸泡 6～8 小时；小麦仁在清水中浸泡 2 小时；红枣去核，切碎，核桃仁碾碎。❷将食材放入豆浆机，加水煮至豆浆做好。❸过滤，加适量白糖或冰糖调味。

 取核桃仁时，有个简便的方法。可以将核桃放入蒸锅中大火蒸上 5 分钟，然后迅速取出过凉水，这样不但容易取出完整的核桃仁，而且还会令核桃仁表皮的那层褐色薄皮没了涩味，变得更香。

【养生功效】提高免疫力

【排毒清肠】

【养生功效】排毒、去火

生菜绿豆豆浆

【材料】 生菜 30 克，绿豆 20 克，黄豆 50 克，清水适量。

【做法】 ❶将黄豆、绿豆清洗干净后，在清水中浸泡 6 ～ 8 小时，泡至发软备用；生菜洗净后切碎。❷将浸泡好的黄豆、绿豆和切好的生菜一起放入豆浆机的杯体中，添加清水至上下水位线之间，启动机器，煮至豆浆机提示生菜绿豆豆浆做好。❸将打出的生菜绿豆豆浆过滤后即可饮用。

【贴士】 生菜容易残留农药，认真冲洗后，最好用清水泡一泡，避免发生毒副作用。另外，生菜和绿豆均性凉，患有尿频和胃寒的人不宜多饮生菜绿豆豆浆。

【养生功效】改善排泄系统

莴笋绿豆豆浆

【材料】 莴笋 30 克，绿豆 50 克，黄豆 20 克，清水适量。

【做法】 ❶将黄豆、绿豆清洗干净后，在清水中浸泡 6 ～ 8 小时，泡至发软备用；莴笋洗净后切成小段，下入开水中焯烫，捞出沥干。❷将浸泡好的黄豆、绿豆和莴笋一起放入豆浆机的杯体中，添加清水至上下水位线之间，启动机器，煮至豆浆机提示莴笋绿豆豆浆做好。❸将打出的莴笋绿豆豆浆过滤后即可食用。

【贴士】 将买来的莴笋放入盛有凉水的器皿内，水淹至莴笋主干 1/3 处，这样放置多日仍可保持新鲜。脾胃虚寒者和产后妇女不宜多食这款豆浆。

【养生功效】排毒抗癌

芦笋绿豆豆浆

【材料】 芦笋 30 克，绿豆 50 克，黄豆 20 克，清水适量。

【做法】 ❶将黄豆、绿豆清洗干净后，在清水中浸泡 6 ～ 8 小时，泡至发软备用；芦笋洗净后切成小段，下入开水中焯烫，捞出沥干。❷将浸泡好的黄豆、绿豆和芦笋一起放入豆浆机的杯体中，添加清水至上下水位线之间，启动机器，煮至豆浆机提示莴笋绿豆豆浆做好。❸将打出的芦笋绿豆豆浆过滤后即可食用。

【贴士】 芦笋营养丰富，尤其是嫩茎的顶尖部分，各种营养物质含量最为丰富。但芦笋不宜生吃，也不宜长时间存放，存放一周以上最好就不要食用了。

排毒清肠

糯米莲藕豆浆

【材料】糯米 30 克，莲藕 20 克，黄豆 50 克，清水适量。

【做法】❶将黄豆洗净后，在清水中浸泡 6～8 小时；糯米用清水浸泡 2 小时；莲藕去皮后切成小丁，下入开水中略焯，捞出。❷将食材一起放入豆浆机，添加清水至上下水位线之间，启动机器，煮至豆浆机提示糯米莲藕豆浆做好。❸过滤后即可饮用。

贴士 食用莲藕要挑选外皮呈黄褐色、肉肥厚而白的。没切过的莲藕可在室温中放置一周的时间，但因莲藕容易变黑，切面的部分容易腐烂，所以切过的莲藕要在切口处覆以保鲜膜，冷藏保鲜 1 个星期左右。

【养生功效】通便又排毒

海带豆浆

【材料】海带 20 克，黄豆 70 克，清水、白糖或冰糖适量。

【做法】❶将黄豆清洗干净后，在清水中浸泡 6～8 小时，泡至发软备用；海带水发泡后洗净，切碎。❷将浸泡好的黄豆和海带一起放入豆浆机的杯体中，添加清水至上下水位线之间，启动机器，煮至豆浆机提示海带豆浆做好。❸过滤后，按个人口味趁热添加适量白糖或冰糖调味，不宜吃糖的患者，可用蜂蜜代替。不喜甜者也可不加糖。

贴士 脾胃虚寒、甲亢中碘过盛型的病人要忌食海带豆浆。孕妇与乳母不可过量食用海带豆浆。海带豆浆不宜与茶水一同饮用，以免影响海带中铁的吸收。

【养生功效】排出重金属元素

红薯绿豆豆浆

【材料】绿豆 30 克，红薯 30 克，黄豆 40 克，清水、白糖或冰糖适量。

【做法】❶将黄豆、绿豆清洗干净后，在清水中浸泡 6～8 小时，泡至发软备用；红薯去皮、洗净，切碎。❷将浸泡好的黄豆、绿豆和红薯一起放入豆浆机的杯体中，添加清水至上下水位线之间，启动机器，煮至豆浆机提示红薯绿豆豆浆做好。❸将打出的红薯绿豆豆浆过滤后，按个人口味趁热添加适量白糖或冰糖调味，不宜吃糖的患者，可用蜂蜜代替。不喜甜者也可不加糖。

贴士 这款豆浆不可与柿子同食，否则容易出现胃疼、胃胀等不适感。

【养生功效】解毒、促进排便

补气养血

【养生功效】养血安神

红枣紫米豆浆

【材料】 红枣10克,紫米30克,黄豆60克,清水、白糖或蜂蜜适量。

【做法】 ❶将黄豆清洗干净后,在清水中浸泡6～8小时,泡至发软备用;红枣洗干净,去核;紫米淘洗干净,用清水浸泡2小时。❷将浸泡好的黄豆同紫米、红枣一起放入豆浆机的杯体中,添加清水至上下水位线之间,启动机器,煮至豆浆机提示红枣紫米豆浆做好。❸将打出的红枣紫米豆浆过滤后,按个人口味趁热添加适量白糖或冰糖即可饮用。

（贴士） 因为红枣的糖分含量较高,糖尿病患者应当少食或者不食。凡是痰湿偏盛、湿热内盛、腹部胀满者也忌食红枣紫米豆浆。

【养生功效】改善气虚、气血不足

黄芪糯米豆浆

【材料】 黄芪25克,糯米50克,黄豆50克,清水、白糖或冰糖适量。

【做法】 ❶将黄豆清洗干净后,在清水中浸泡6～8小时,泡至发软备用;黄芪煎汁备用;糯米淘洗干净备用。❷将浸泡好的黄豆和糯米一起放入豆浆机的杯体中,淋入黄芪汁,添加清水至上下水位线之间,启动机器,煮至豆浆机提示黄芪糯米豆浆做好。❸将打出的黄芪糯米豆浆过滤后,按个人口味趁热添加适量白糖或冰糖调味,不宜吃糖的患者,可用蜂蜜代替。不喜甜者也可不加糖。

（贴士） 糯米能够御寒,这道豆浆适合在冬季食用。另外,有感冒发热、胸腹有满闷感的人不宜饮用黄芪糯米豆浆。

【养生功效】养血、补血可助孕

花生红枣豆浆

【材料】 黄豆60克,红枣15克,花生15克,清水、白糖或冰糖适量。

【做法】 ❶将黄豆清洗干净后,在清水中浸泡6～8小时,泡至发软备用;红枣洗干净,去核;花生仁洗净。❷将浸泡好的黄豆和红枣、花生一起放入豆浆机的杯体中,添加清水至上下水位线之间,启动机器,煮至豆浆机提示花生红枣豆浆做好。❸将打出的花生红枣豆浆过滤后,按个人口味趁热添加适量白糖或冰糖调味,不宜吃糖的患者,可用蜂蜜代替。不喜甜者也可不加糖。

（贴士） 肠胃虚弱的人在饮用这款豆浆时,不宜同时吃黄瓜和螃蟹,否则会造成腹泻。

黑芝麻枸杞豆浆

【材料】枸杞子 25 克，黑芝麻 25 克，黄豆 50 克，清水、白糖或冰糖适量。

【做法】❶将黄豆清洗干净后，在清水中浸泡 6～8 小时，泡至发软备用；芝麻淘去沙粒；枸杞洗干净，用清水泡软。❷将浸泡好的黄豆、枸杞和黑芝麻一起放入豆浆机的杯体中，添加清水至上下水位线之间，启动机器，煮至豆浆机提示黑芝麻枸杞豆浆做好。❸过滤后，按个人口味趁热添加适量白糖或冰糖调味，不宜吃糖的患者，可用蜂蜜代替。

贴士 如果黑芝麻保存不当，外表容易出现油腻潮湿的现象，这时最好不要再食用，以免对人体造成伤害。

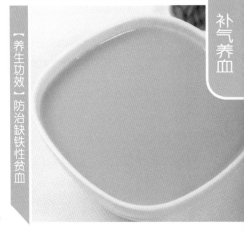

【养生功效】防治缺铁性贫血

山药莲子枸杞豆浆

【材料】山药 30 克，莲子 10 克，枸杞 10 克，黄豆 50 克，清水、白糖或冰糖适量。

【做法】❶将黄豆洗净，在清水中浸泡 6～8 小时；山药去皮后切丁，下入开水中灼烫；莲子、枸杞洗净后略泡。❷将上述食材一起放入豆浆机，加水煮至豆浆做好。❸过滤后，按个人口味趁热添加适量白糖或冰糖调味，不宜吃糖的患者，可用蜂蜜代替。

贴士 大便燥结者不宜食用这款豆浆。感冒发烧、身体有炎症、腹泻的人最好不要食用。性欲亢进者不宜食用。糖尿病患者要慎用。

【养生功效】通利气血

红枣枸杞紫米豆浆

【材料】红枣 20 克，枸杞 10 克，紫米 20 克，黄豆 50 克，清水、白糖或蜂蜜适量。

【做法】❶将黄豆洗净，在清水中浸泡 6～8 小时；红枣去核；枸杞洗干净；紫米用清水浸泡 2 小时。❷将浸泡好的黄豆同紫米、红枣、枸杞一起放入豆浆机，加水煮至豆浆做好。❸将打出的红枣枸杞紫米豆浆过滤后，按个人口味趁热添加适量白糖或冰糖即可饮用。

贴士 枸杞以宁夏出产的质量最好，又红又大，当地人更喜欢买来当零食，犹如葡萄干一般随手拿来食用，其实枸杞生吃的味道也很不错，但不能吃太多，否则容易上火。

【养生功效】补气养血、补肾

补气养血

【养生功效】缓解痛经

二花大米豆浆

【材料】 凤仙花、月季花各 10 克，大米 30 克，黄豆 50 克，清水、红糖适量。

【做法】 ❶黄豆洗净，在清水中泡至发软备用；凤仙花、月季花瓣洗净备用；大米用清水浸泡 2 小时。❷将食材放入豆浆机，煮至豆浆做好。❸过滤后，按个人口味趁热添加适量红糖调味即可。

 凤仙花与急性子，同属凤仙花科植物凤仙花，一为花、一为种子，但其功效有别。且凤仙花无毒，而急性子有毒。

【养生功效】改善心血不足

桂圆红豆浆

【材料】 桂圆 30 克，红豆 50 克，清水、白糖或冰糖适量。

【做法】 ❶将红豆清洗干净后，在清水中浸泡 6 ~ 8 小时，泡至发软备用；桂圆肉切碎。❷将浸泡好的红豆和桂圆一起放入豆浆机的杯体中，添加清水至上下水位线之间，启动机器，煮至豆浆机提示桂圆红豆浆做好。❸将打出的桂圆红豆浆过滤后，按个人口味趁热添加适量白糖或冰糖调味。不宜吃糖的患者，可用蜂蜜代替。

 购买桂圆时应挑选干爽的成品，购买回来之后，放入密封性能好的保鲜盒、保险袋里，存放在阴凉通风的地方，必要时可放入冰箱冷藏保存。

【养生功效】活血化瘀、疏肝解郁

黑豆玫瑰花油菜豆浆

【材料】 黑豆、油菜各 20 克，黄豆 50 克，玫瑰花 10 克，清水、白糖或冰糖适量。

【做法】 ❶将黄豆、黑豆清洗干净后，在清水中浸泡 6 ~ 8 小时；油菜择洗干净，切碎；玫瑰花洗净，用水泡开。❷将上述食材一起放入豆浆机煮至豆浆做好。❸过滤后，按个人口味趁热添加适量白糖或冰糖调味。不宜吃糖的患者，可用蜂蜜代替。

贴士 孕早期妇女，痄痘、目疾患者，小儿麻疹后期，不宜饮用此豆浆。

第五篇

不同人群豆浆——一杯豆浆养全家

上班族

【养生功效】活化大脑功能

芦笋香瓜豆浆

【材料】 芦笋30克，香瓜1个，黄豆50克，清水、白糖或冰糖适量。

【做法】 ❶将黄豆洗净，在清水中浸泡6～8小时；芦笋洗净后切成小段，下入开水中焯烫；香瓜去皮、瓤后切丁。❷将上述食材一起放入豆浆机，加水煮至豆浆做好。❸过滤后，按个人口味趁热添加适量白糖或冰糖调味，不宜吃糖的患者，可用蜂蜜代替。也可不加糖。

贴士 挑选白色的香瓜应该选瓜比较小，瓜大头的部分没有脐，但是有一点绿的。这种是一棵瓜的第1个叶子结的，比较好挑，因为长得小。还有就是挑有脐的，脐越大的越好，按一下脐的部分较软的。闻一闻香瓜的屁股，有香味的就是又好又甜的好瓜。

【养生功效】消除辐射对脏器功能的影响

绿茶绿豆豆浆

【材料】 黄豆50克，绿豆20克，绿茶10克，清水、白糖或冰糖适量。

【做法】 ❶将黄豆、绿豆清洗干净后，在清水中浸泡6～8小时，泡至发软备用；绿茶倒入杯中，加入开水沏成茶水。❷将浸泡好的黄豆和绿豆一起放入豆浆机的杯体中，倒入茶水，再添加清水至上下水位线之间，启动机器，煮至豆浆机提示绿茶绿豆豆浆做好。❸将打出的绿茶绿豆豆浆过滤后，按个人口味趁热添加适量白糖或冰糖调味，不宜吃糖的患者，可用蜂蜜代替。不喜甜者也可不加糖。

贴士 服药前后1小时不要饮用此豆浆。女性在月经期间不宜饮用。

【养生功效】有很强的抗辐射功效

无花果绿豆豆浆

【材料】 绿豆30克，黄豆50克，无花果20克，清水、白糖或冰糖适量。

【做法】 ❶将黄豆、绿豆清洗干净后，在清水中浸泡6～8小时，泡至发软备用；无花果洗净，去蒂，切碎。❷将浸泡好的黄豆、绿豆和无花果一起放入豆浆机的杯体中，添加清水至上下水位线之间，启动机器，煮至豆浆机提示无花果绿豆豆浆做好。❸过滤后，按个人口味趁热添加适量白糖或冰糖调味，不宜吃糖的患者，可用蜂蜜代替。

贴士 脂肪肝患者、脑血管意外患者、腹泻者、正常血钾性周期性麻痹等患者不适宜食用无花果绿豆豆浆。

南瓜牛奶豆浆

【材料】南瓜50克，黄豆50克，牛奶250毫升，清水、白糖或冰糖适量。

【做法】❶将黄豆清洗干净后，在清水中浸泡6~8小时，泡至发软备用；南瓜去皮，洗净后切成小碎丁。❷将上述食材放入豆浆机，加水煮至豆浆机提示豆浆做好。❸过滤后，兑入牛奶，再按个人口味趁热添加适量白糖或冰糖调味即可。

（贴士）如果要喝甜牛奶，一定要等牛奶煮开后再放糖，不要提前放。因为牛奶中的赖氨酸与果糖在高温下，会生成果糖基赖氨酸，这是一种有毒物质，会对人体产生危害。

【养生功效】补充体能，提高工作效率

海带绿豆豆浆

【材料】绿豆30克，黄豆50克，海带10克，清水、白糖或冰糖适量。

【做法】❶将黄豆、绿豆清洗干净后，在清水中浸泡6~8小时，泡至发软备用；海带用水泡发后洗净，切碎。❷将浸泡好的黄豆、绿豆和海带一起放入豆浆机的杯体中，添加清水至上下水位线之间，启动机器，煮至豆浆机提示海带绿豆豆浆做好。❸将打出的海带绿豆豆浆过滤后，按个人口味趁热添加适量白糖或冰糖调味，不宜吃糖的患者，可用蜂蜜代替。不喜甜者也可不加糖。

（贴士）这款豆浆可连渣一起饮用，这样可以更好地吸收绿豆和海带的营养。

【养生功效】不让免疫功能受损

薏米木瓜花粉绿豆浆

【材料】木瓜50克，绿豆40克，薏米20克，油菜花粉20克，清水、白糖或冰糖适量。

【做法】❶将绿豆洗净，在清水中浸泡6~8小时；木瓜去皮去籽，切丁；薏米淘洗干净，在清水中浸泡2小时。❷将浸泡好的绿豆、薏米和木瓜一起放入豆浆机，加水煮至豆浆机提示豆浆做好。❸将打出的豆浆过滤后，加入油菜花粉，再按个人口味趁热添加适量白糖或冰糖调味，不宜吃糖的患者，可用蜂蜜代替。不喜甜者也可不加糖。

（贴士）在放入油菜花粉时，切记不要在豆浆还滚烫的时候加入，以免高温破坏掉花粉的营养。

【养生功效】对抗辐射的不利影响

准妈妈

【养生功效】补血、增强免疫力

红腰豆南瓜豆浆

【材料】红腰豆60克，南瓜1块，黄豆30克，清水、白糖或冰糖适量。

【做法】❶将黄豆清洗干净后，在清水中浸泡6~8小时，泡至发软备用；红腰豆洗净，碾碎；南瓜洗净，去瓤，切成小块。❷将浸泡好的黄豆、红腰豆和南瓜一起放入豆浆机的杯体中，添加清水至上下水位线之间，启动机器，煮至豆浆机提示红腰豆南瓜豆浆做好。❸将打出的红腰豆南瓜豆浆过滤后，按个人口味趁热添加适量白糖或冰糖调味，不宜吃糖的患者，可用蜂蜜代替。不喜甜者也可不加糖。

贴士 红腰豆含有一种叫植物雪球凝集素的天然植物毒素，一定要彻底煮熟才可以食用。

【养生功效】缓解妊娠反应

银耳百合黑豆浆

【材料】黑豆50克，鲜百合20克，银耳20克，清水、白糖或冰糖适量。

【做法】❶将黑豆清洗干净后，在清水中浸泡6~8小时；百合洗干净，分成小瓣；银耳泡发洗干净，撕碎。❷将上述食材放入豆浆机，加水，煮至豆浆机提示银耳百合黑豆浆做好。❸将打出的银耳百合黑豆浆过滤后，按个人口味趁热添加适量白糖或冰糖调味，不宜吃糖的患者，可用蜂蜜代替。不喜甜者也可不加糖。

贴士 外感风寒引起的感冒、咳嗽和因湿热生痰咳嗽，以及阳虚畏寒怕冷者均不宜饮用。

【养生功效】滋阴养血、预防呕吐

豌豆小米豆浆

【材料】黄豆40克，豌豆30克，小米20克，清水、白糖或冰糖适量。

【做法】❶将黄豆清洗干净后，在清水中浸泡6~8小时，泡至发软备用；小米清洗干净，在清水中浸泡2小时；豌豆洗净备用。❷将浸泡好的黄豆、小米和豌豆一起放入豆浆机的杯体中，添加清水至上下水位线之间，启动机器，煮至豆浆机提示豌豆小米豆浆做好。❸将打出的豌豆小米豆浆过滤后，按个人口味趁热添加适量白糖或冰糖调味，不宜吃糖的患者，可用蜂蜜代替。不喜甜者也可不加糖。

贴士 豌豆圆身的又称蜜糖豆或蜜豆，扁身的称为青豆或荷兰豆。豌豆的豆荚在许多地区中可以作为蔬菜烹制。

【新妈妈】

莲藕红豆豆浆

【材料】莲藕30克,红小豆20克,黄豆50克,清水适量。

【做法】①将黄豆、红小豆清洗干净后,在清水中浸泡6~8小时,泡至发软备用;莲藕去皮后切成小丁,下入开水中略焯,捞出后沥干。②将浸泡好的黄豆、红小豆同莲藕丁一起放入豆浆机的杯体中,添加清水至上下水位线之间,启动机器,煮至豆浆机提示莲藕红豆豆浆做好。③将打出的莲藕红豆豆浆过滤后即可饮用。

【贴士】在挑选藕的时候,一定要注意,发黑、有异味的藕不宜食用。应该挑选外皮呈黄褐色,肉肥厚而又白的,不要选用那些伤、烂,有锈斑、断节或者是干缩变色的藕。

【养生功效】去除产妇体内瘀血

红枣红豆豆浆

【材料】黄豆50克,红豆25克,红枣5枚,清水、白糖或冰糖适量。

【做法】①将黄豆、红豆清洗干净后,在清水中浸泡6~8小时,泡至发软备用;红枣去核,洗净,切碎。②将浸泡好的黄豆、红豆和红枣一起放入豆浆机的杯体中,添加清水至上下水位线之间,启动机器,煮至豆浆机提示红枣红豆豆浆做好。③将打出的红枣红豆豆浆过滤后,按个人口味趁热添加适量白糖或冰糖调味,不宜吃糖的患者,可用蜂蜜代替。不喜甜者也可不加糖。

【贴士】服用退烧药时不宜饮用这款豆浆,因为退烧药与红枣容易形成不溶性的复合体,减少身体对药物的吸收。

【养生功效】促进乳汁分泌

南瓜芝麻豆浆

【材料】黄豆50克,南瓜30克,黑芝麻20克,清水、白糖适量。

【做法】①将黄豆清洗干净后,在清水中浸泡6~8小时,泡至发软备用;黑芝麻淘去沙粒;南瓜去皮,洗净后切成小碎丁。②将浸泡好的黄豆、切好的南瓜和淘净的黑芝麻一起放入豆浆机的杯体中,添加清水至上下水位线之间,启动机器,煮至豆浆机提示南瓜芝麻豆浆做好。③过滤后,按个人口味趁热添加适量白糖调味,不宜吃糖的患者,可用蜂蜜代替。不喜甜者也可不加糖。

【贴士】黑芝麻含有较多油脂,有润肠通便的作用,患有慢性肠炎、便溏腹泻者不宜饮用这款豆浆。

【养生功效】让新妈妈恢复体力

宝宝

【养生功效】预防小儿佝偻病

芝麻燕麦豆浆

【材料】黑芝麻 20 克，燕麦 20 克，黄豆 50 克，清水、白糖或冰糖适量。

【做法】❶将黄豆清洗干净后，在清水中浸泡 6 ~ 8 小时，泡至发软备用；燕麦淘洗干净，用清水浸泡 2 小时；黑芝麻淘去沙粒。❷将浸泡好的黄豆、燕麦和黑芝麻一起放入豆浆机的杯体中，添加清水至上下水位线之间，启动机器，煮至豆浆机提示芝麻燕麦豆浆做好。❸过滤后，按个人口味趁热添加适量白糖或冰糖调味，不喜甜者也可不加糖。

【贴士】黑芝麻含有较多油脂，有润肠通便的作用，加上燕麦富含膳食纤维，便溏腹泻的宝宝不宜饮用这款豆浆。

【养生功效】促进孩子的大脑发育

燕麦核桃豆浆

【材料】黄豆 80 克，燕麦 20 克，核桃仁 4 颗，清水、白糖或冰糖适量。

【做法】❶将黄豆清洗干净后，在清水中浸泡 6 ~ 8 小时，泡至发软备用；燕麦淘洗干净，用清水浸泡 2 小时；核桃仁碾碎。❷将浸泡好的黄豆、燕麦和核桃仁一起放入豆浆机的杯体中，添加清水至上下水位线之间，启动机器，煮至豆浆机提示燕麦核桃豆浆做好。❸将打出的燕麦核桃豆浆过滤后，按个人口味趁热添加适量白糖或冰糖调味，不喜甜者也可不加糖。

【贴士】肠道敏感的人不宜吃太多的燕麦，以免引起胀气、胃痛或腹泻。

【养生功效】增强孩子的免疫力

红豆胡萝卜豆浆

【材料】胡萝卜 1/3 根，红豆 20 克，黄豆 50 克，清水、冰糖适量。

【做法】❶将黄豆、红豆清洗干净后，在清水中浸泡 6 ~ 8 小时，泡至发软备用；胡萝卜去皮后切成小丁，下入开水中略焯，捞出后沥干。❷将浸泡好的黄豆、红豆同胡萝卜丁一起放入豆浆机的杯体中，添加清水至上下水位线之间，启动机器，煮至豆浆机提示红豆胡萝卜豆浆做好。❸过滤后，趁热加入冰糖，待冰糖融化后即可饮用。

【贴士】这款豆浆在给宝宝饮用时最好别往里添加白糖，原因在于白糖需要在胃内经过消化酶转化为葡萄糖后才能被人体吸收，这对于消化功能比较弱的宝宝不利。

红枣香橙豆浆

【材料】红枣10克，橙子1个，黄豆70克，清水、白糖或冰糖适量。

【做法】❶将黄豆清洗干净后，在清水中浸泡6~8小时，泡至发软备用；红枣洗净，去核，切碎；橙子去皮、去籽后撕碎。❷将浸泡好的黄豆和红枣、橙子一起放入豆浆机的杯体中，添加清水至上下水位线之间，启动机器，煮至豆浆机提示红枣香橙豆浆做好。❸过滤后，按个人口味趁热添加适量白糖或冰糖调味，不宜吃糖的患者，可用蜂蜜代替。

（贴士）橙子在剥皮的时候，可以像削苹果一样削皮，这样就不会有橙子汁溢出来了。也可以将橙子置于桌上，用手掌旋转搓揉，将橙子的各部位都揉到后，即可剥皮。

【养生功效】给大脑增添活力

核桃杏仁绿豆豆浆

【材料】黄豆50克，绿豆20克，核桃仁4颗，杏仁20克，清水、白糖或冰糖适量。

【做法】❶将黄豆、绿豆清洗干净后，在清水中浸泡6~8小时；杏仁、核桃洗干净，泡软。❷将上述食材一起放入豆浆机的杯体中，加水煮至豆浆做好。❸过滤，按个人口味趁热添加适量白糖或冰糖调味。

（贴士）杏仁的功效药食兼备，有些养生方中常提及"南北杏"，中国南方产的杏仁又称"南杏"，味略甜，具有润肺、止咳、滑肠等功效。北杏则带苦味，多作药用，具有润肺、平喘的功效，对于咳嗽、咳痰、气喘等呼吸道症状疗效显著。

【养生功效】增强记忆力

榛子杏仁豆浆

【材料】黄豆60克，杏仁、榛子仁各20克，清水、白糖或冰糖适量。

【做法】❶将黄豆洗净，在清水中浸泡6~8小时；杏仁、榛子仁碾碎备用。❷将浸泡好的黄豆和杏仁、榛子仁一起放入豆浆机的杯体中，添加清水至上下水位线之间，启动机器，煮至豆浆机提示榛子杏仁豆浆做好。❸过滤后，按个人口味趁热添加适量白糖或冰糖调味，不宜吃糖的患者，可用蜂蜜代替。不喜甜者也可不加糖。

（贴士）剥榛子有一种不费力气的方法。可将易拉罐环上的铁片弯折几下，去掉不要，剩下的小圆圈插到榛子的开口里，就像是钥匙开门一样轻轻一转，榛子壳就齐齐地裂开了。

【养生功效】恢复学生的体能

81

学生

【养生功效】提神醒脑

蜂蜜薄荷绿豆豆浆

【材料】薄荷5克，绿豆20克，黄豆50克，蜂蜜10克，清水适量。

【做法】❶将黄豆、绿豆清洗干净后，在清水中浸泡6～8小时；薄荷叶洗净后备用。❷将浸泡好的黄豆、绿豆和薄荷叶一起放入豆浆机，加水煮至豆浆机提示蜂蜜薄荷绿豆豆浆做好。❸将打出的豆浆过滤，待豆浆凉至温热时加入蜂蜜调味即可。

贴士 绿豆皮中的类黄酮，和金属离子作用之后，可能形成颜色较深的复合物。这种反应虽然没有毒性物质产生，却可能会干扰绿豆的抗氧化作用，也妨碍金属离子的吸收。因此，煮绿豆汤时，用铁锅最不合适，而用砂锅最为理想。

【养生功效】赶走学生的体虚乏力

黑豆红豆绿豆浆

【材料】黑豆50克，红豆30克，绿豆20克，清水、白糖或冰糖适量。

【做法】❶将黑豆、红豆、绿豆清洗干净后，在清水中浸泡6～8小时，泡至发软备用。❷将浸泡好的黑豆、红豆、绿豆一起放入豆浆机的杯体中，添加清水至上下水位线之间，启动机器，煮至豆浆机提示黑豆红豆绿豆浆做好。❸将打出的黑豆红豆绿豆浆过滤后，按个人口味趁热添加适量白糖或冰糖调味，不宜吃糖的患者，可用蜂蜜代替。不喜甜者也可不加糖。

贴士 红豆和绿豆都有利尿的作用，因此尿频的人不宜过多饮用这款豆浆。

【养生功效】有助于孩子的成长

荞麦红枣豆浆

【材料】荞麦30克，红枣20克，黄豆50克，清水、白糖或冰糖适量。

【做法】❶将黄豆清洗干净后，在清水中浸泡6～8小时，泡至发软备用；红枣洗净，去核，切碎；荞麦淘洗干净，用清水浸泡2小时。❷将浸泡好的黄豆、荞麦和红枣一起放入豆浆机的杯体中，添加清水至上下水位线之间，启动机器，煮至豆浆机提示荞麦红枣豆浆做好。❸将打出的荞麦红枣豆浆过滤后，按个人口味趁热添加适量白糖或冰糖调味，不宜吃糖的患者，可用蜂蜜代替。不喜甜者也可不加糖。

贴士 这款豆浆并不适合早餐和晚餐，它不容易消化，容易让胃部受损，每次也不应食用过多。

桂圆糯米豆浆

【材料】黄豆50克,桂圆30克,糯米20克,清水、白糖或冰糖适量。

【做法】❶将黄豆清洗干净后,在清水中浸泡6～8小时,泡至发软备用;桂圆去皮去核;糯米淘洗干净,用清水浸泡2小时。❷将浸泡好的黄豆同桂圆、糯米一起放入豆浆机的杯体中,加水煮至豆浆做好。❸过滤,按个人口味趁热添加适量白糖或冰糖调味。

贴士　糯米中所含淀粉为支链淀粉,在肠胃中难以消化水解,所以有肺热所致的发热、咳嗽,痰黄黏稠和湿热作祟所致的黄疸、淋证、胃部胀满、午后发热等症状者忌食桂圆糯米豆浆。脾胃虚弱所致的消化不良也应慎食。

【养生功效】改善潮热等更年期症状

燕麦红枣豆浆

【材料】黄豆50克,红枣30克,燕麦20克,清水、白糖或冰糖适量。

【做法】❶将黄豆清洗干净后,在清水中浸泡6～8小时;红枣洗干净后,用温水泡开;燕麦淘洗干净,用清水浸泡2小时。❷将浸泡好的黄豆、燕麦、红枣一起放入豆浆机的杯体中,加水煮至豆浆做好。❸过滤后,按个人口味趁热添加适量白糖或冰糖调味,不宜吃糖的患者,可用蜂蜜代替。不喜甜者也可不加糖。

贴士　一些女性在月经期间会出现眼肿或脚肿的现象,这是湿重的表现,此时不宜食用燕麦红枣豆浆,因为红枣味甜,多吃容易生痰生湿,水湿积于体内,水肿的情况就会更严重。

【养生功效】养血安神

红枣黑豆豆浆

【材料】黑豆80克,黄豆30克,红枣10个,清水、白糖或冰糖适量。

【做法】❶将黑豆、黄豆清洗干净后,在清水中浸泡6～8小时,泡至发软备用;红枣洗干净后,用温水泡开。❷将浸泡好的黑豆、黄豆和红枣一起放入豆浆机的杯体中,加水至上下水位线之间,启动机器,煮至豆浆机提示红枣黑豆豆浆做好。❸过滤后,按个人口味趁热往豆浆中添加适量白糖或冰糖调味,患有不宜吃糖的患者,可用蜂蜜代替。

贴士　凡是痰湿偏盛、湿热内盛、腹部胀满者忌食红枣黑豆豆浆。慢性肾病患者在肾衰竭时不宜食用此款豆浆,因为黑豆会加重肾脏负担。

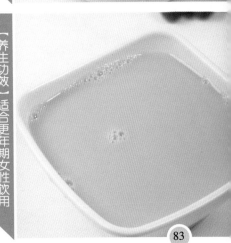

【养生功效】适合更年期女性饮用

老年人

【养生功效】保护老人的心血管系统

四豆花生豆浆

【材料】 黄豆、黑豆、豌豆、青豆、花生各 20 克，清水、白糖或冰糖适量。

【做法】❶将黄豆、黑豆、豌豆、青豆清洗干净后，在清水中浸泡6～8小时；花生洗净，略泡。❷将食材一起放入豆浆机，加水煮至豆浆做好。❸过滤后，按个人口味趁热添加适量白糖或冰糖调味。

花生外皮即红色的外衣有增加血小板的凝聚作用，所以高血压病人和有动脉硬化、血液黏稠度高的人吃花生，一定要去了红色的外皮，而对于那些因为慢性出血性疾病导致贫血的病人，则最好带着花生外皮食用。

【养生功效】营养全面、开胃、助消化

五谷酸奶豆浆

【材料】 黄豆50克，大米10克，小米10克，小麦仁10克，玉米渣10克，酸奶100毫升，清水、白糖或冰糖适量。

【做法】❶将黄豆洗净，在清水中浸泡6～8小时；大米、小米、小麦仁淘洗干净，用清水浸泡2小时；玉米渣淘洗干净。❷将食材一起放入豆浆机，加水煮至豆浆机提示豆浆做好。❸将打出的豆浆过滤凉凉后，兑入酸奶，按个人口味添加适量白糖或冰糖调味即可。

酸奶并不是越稠越好，因为很多稠的酸奶只是因为加入了各种增稠剂，如羟丙基二淀粉磷酸酯、果胶、明胶，过多的增稠剂虽然满足了口感，但对身体并无益处。

【养生功效】防止动脉硬化

豌豆绿豆大米豆浆

【材料】 豌豆 20 克，绿豆 25 克，大米 60 克，黄豆 30 克，清水、白糖或冰糖适量。

【做法】❶将豌豆、绿豆、黄豆清洗干净后，在清水中浸泡6～8小时；大米淘洗干净，用清水浸泡2小时。❷将浸泡好的豌豆、绿豆、黄豆、大米一起放入豆浆机，加水煮至豆浆机提示豌豆绿豆大米豆浆做好。❸将打出的豌豆绿豆大米豆浆过滤后，按个人口味趁热添加适量白糖或冰糖调味，不宜吃糖的患者，可用蜂蜜代替。不喜甜者也可不加糖。

豌豆吃多了会发生腹胀，故不宜长期大量食用。豌豆适合与富含氨基酸的食物一起烹调，可以明显提高豌豆的营养价值。

老年人

燕麦枸杞山药豆浆

【材料】 黄豆50克，枸杞子10克，燕麦片10克，山药30克，清水、白糖或冰糖适量。

【做法】 ❶将黄豆清洗干净后，在清水中浸泡6～8小时，泡至发软备用；枸杞洗干净后，用温水泡开；山药去皮后切成小丁，下入开水中灼烫，捞出沥干。❷将浸泡好的黄豆、枸杞子和山药、燕麦片一起放入豆浆机的杯体中，添加清水至上下水位线之间，启动机器，煮至豆浆机提示燕麦枸杞山药豆浆做好。❸过滤后，按个人口味趁热添加适量白糖或冰糖调味。

贴士 燕麦适宜在常温、通风、干燥的环境中存放。

【养生功效】降低胆固醇、预防动脉硬化

菊花枸杞红豆浆

【材料】 干菊花20克，枸杞子5克，红小豆50克，清水、白糖或冰糖适量。

【做法】 ❶将红小豆清洗干净后，在清水中浸泡6～8小时，泡至发软备用；干菊花清洗干净后待用；枸杞洗净，用清水泡发。❷将浸泡好的红小豆、枸杞和菊花一起放入豆浆机的杯体中，添加清水至上下水位线之间，启动机器，煮至豆浆机提示菊花枸杞红豆浆做好。❸过滤，按个人口味趁热添加适量白糖或冰糖调味。

贴士 痰湿型、血瘀型高血压病患者不宜食用这款豆浆。

【养生功效】降低胆固醇、预防高血压和冠心病

清甜玉米豆浆

【材料】 黄豆50克，甜玉米30克，银耳5克，枸杞5克，清水、白糖或冰糖适量。

【做法】 ❶将黄豆清洗干净后，在清水中浸泡6～8小时，泡至发软备用；用刀切下鲜玉米粒，清洗干净；枸杞洗干净后，用温水泡开；银耳用清水泡发，洗净，切碎待用。❷将浸泡好的黄豆、枸杞和银耳、玉米粒一起放入豆浆机的杯体中，添加清水至上下水位线之间，启动机器，煮至豆浆机提示豆浆做好。❸过滤后，按个人口味趁热添加适量白糖或冰糖调味。

贴士 这款豆浆还有很好的养护皮肤的作用。

【老年人】

【养生功效】改善心肌营养

红枣枸杞黑豆浆

【材料】 红枣30克，枸杞10克，黑豆60克，清水、白糖或冰糖适量。

【做法】 ❶ 将黑豆清洗干净后，在清水中浸泡6～8小时，泡至发软备用；红枣洗干净，去核；枸杞洗干净，用清水泡软。❷ 将浸泡好的黑豆、枸杞和红枣一起放入豆浆机的杯体中，添加清水至上下水位线之间，启动机器，煮至豆浆机提示红枣枸杞黑豆浆做好。❸ 将打出的红枣枸杞黑豆浆过滤后，按个人口味趁热添加适量白糖或冰糖调味，不宜吃糖的患者，可用蜂蜜代替。不喜甜者也可不加糖。

【贴士】 饮用这款豆浆时不宜同时吃桂圆、荔枝等性质温热的食物，否则容易上火

【养生功效】抑制老年斑

燕麦山药豆浆

【材料】 燕麦50克，山药30克，黄豆20克，清水、白糖或冰糖适量。

【做法】 ❶ 将黄豆清洗干净后，在清水中浸泡6～8小时，泡至发软备用；山药去皮后切成小丁，下入开水中灼烫，捞出沥干。❷ 将浸泡好的黄豆、山药、燕麦片一起放入豆浆机的杯体中，添加清水至上下水位线之间，启动机器，煮至豆浆机提示燕麦山药豆浆做好。❸ 将打出的燕麦山药豆浆过滤后，按个人口味趁热添加适量白糖或冰糖调味，不宜吃糖的患者，可用蜂蜜代替。不喜甜者也可不加糖。

【贴士】 用经过加工的燕麦片代替燕麦仁，就无需提前浸泡了。直接把燕麦片和山药放入豆浆机搅打，不加黄豆也可以。

【养生功效】缓解耳聋、目眩、腰膝酸软

黑豆大米豆浆

【材料】 黑豆70克，黄豆30克，大米30克，清水、白糖或冰糖适量。

【做法】 ❶ 将黑豆、黄豆清洗干净后，在清水中浸泡6～8小时，泡至发软备用；大米淘洗干净，用清水浸泡2小时。❷ 将食材放入豆浆机，加水煮至豆浆做好。❸ 过滤后，按个人口味趁热添加适量白糖或冰糖调味，不宜吃糖的患者，可用蜂蜜代替。不喜甜者也可不加糖。

【贴士】 黑豆以豆粒完整饱满、大小均匀、颜色乌黑光亮者为佳。黑豆一定要煮熟了吃，因为在生黑豆中有一种叫抗胰蛋白酶的成分，可影响蛋白质的消化吸收，易引起腹泻，经过煮、炒、蒸等程序后，抗胰蛋白酶被破坏，因而可消除黑豆的副作用。

第六篇

四季养生豆浆——因时调养，喝出四季安康

春季豆浆

【养生功效】缓解春季的消化不良

糯米山药豆浆

【材料】 山药40克，糯米20克，黄豆40克，清水、白糖或冰糖适量。

【做法】 ①将黄豆洗净，在清水中浸泡6～8小时；山药去皮后切成小丁，下入开水中灼烫，捞出沥干；糯米清洗干净，在清水中浸泡2小时。②将浸泡好的黄豆和山药、糯米一起放入豆浆机，加水煮至豆浆做好。③过滤后，按个人口味趁热添加适量白糖或冰糖调味。

如果需长时间保存，应该把山药放入木锯屑中包埋，短时间保存则只需用纸包好放入冷暗处即可。如果购买的是切开的山药，则要避免接触空气，以用塑料袋包好放入冰箱里冷藏为宜。切碎的山药也可以放入冰箱冷冻起来。

【养生功效】清心、去春燥

竹叶米豆浆

【材料】 大米50克，黄豆50克，竹叶3克，清水适量。

【做法】 ①将黄豆清洗干净后，在清水中浸泡6～8小时，泡至发软备用；大米淘洗干净，用清水浸泡2小时；竹叶洗净。②将浸泡好的黄豆同大米一起放入豆浆机的杯体中，添加清水至上下水位线之间，启动机器，煮至豆浆机提示豆浆做好。③将打出的豆浆过滤后，冲泡竹叶即可。

孕妇及气虚体质的人，不宜服用这款豆浆。

【养生功效】温补效果明显

黄米黑豆豆浆

【材料】 黄米50克，黑豆25克，黄豆25克，清水、白糖或蜂蜜适量。

【做法】 ①将黄豆、黑豆清洗干净后，在清水中浸泡6～8小时，泡至发软备用；黄米淘洗干净，用清水浸泡2小时。②将浸泡好的黄豆、黑豆同黄米一起放入豆浆机的杯体中，添加清水至上下水位线之间，启动机器，煮至豆浆机提示黄米黑豆豆浆做好。③将打出的黄米黑豆豆浆过滤后，按个人口味趁热添加适量白糖，或等豆浆稍凉后加入蜂蜜即可饮用。

身体燥热者禁食黄米黑豆豆浆，有呼吸系统疾病的人也不宜饮用这款豆浆。

麦米豆浆

【材料】小麦仁 20 克，大米 30 克，黄豆 50 克，清水、白糖适量。

【做法】❶ 将黄豆清洗干净后，在清水中浸泡 6 ~ 8 小时，泡至发软备用；小麦仁、大米洗净。❷ 将浸泡好的黄豆和小麦仁、大米一起放入豆浆机的杯体中，添加清水至上下水位线之间，启动机器，煮至豆浆机提示麦米豆浆做好。❸ 将打出的麦米豆浆过滤后，按个人口味趁热添加适量白糖调味。

肺炎、感冒、哮喘、咽炎、口腔溃疡患者不宜食用麦米豆浆。婴儿、幼儿、母婴、老人、更年期妇女、久病体虚、气郁体质、湿热体质、痰湿体质者也不宜食用麦米豆浆。高血压患者忌食用。

【养生功效】益气宽中

芦笋山药豆浆

【材料】芦笋 40 克，山药 20 克，黄豆 80 克，清水、白糖或冰糖适量。

【做法】❶ 将黄豆清洗干净后，在清水中浸泡 6 ~ 8 小时，泡至发软备用；芦笋洗净后切成小段；山药去皮后切成小丁，下入开水中灼烫，捞出沥干。❷ 将浸泡好的黄豆和芦笋和山药一起放入豆浆机，加水煮至豆浆做好。❸ 过滤后，按个人口味趁热添加适量白糖或冰糖调味，不宜吃糖的患者，可用蜂蜜代替。不喜甜者也可不加糖。

贴士：山药偏补，体质偏热、容易上火的人要慎食。

【养生功效】养肝护肝调理虚损

葡萄干柠檬豆浆

【材料】黄豆 80 克，葡萄干 20 克，柠檬 1 块，清水、白糖或冰糖适量。

【做法】❶ 将黄豆清洗干净后，在清水中浸泡 6 ~ 8 小时，泡至发软备用；葡萄干用温水洗净。❷ 将浸泡好的黄豆和葡萄干一起放入豆浆机的杯体中，添加清水至上下水位线之间，启动机器，煮至豆浆机提示豆浆做好。❸ 将打出的豆浆过滤后，挤入柠檬汁，再按个人口味趁热添加适量白糖或冰糖调味。

【养生功效】活血、预防心血管疾病

患有糖尿病的人忌食，肥胖之人也不宜多食。

【养生功效】润燥行水、通便解毒

西芹红枣豆浆

【材料】西芹20克，红枣30克，黄豆50克，清水、白糖或冰糖适量。

【做法】❶将黄豆清洗干净后，在清水中浸泡6～8小时，泡至发软备用；西芹洗净、切成小段；红枣洗净，去核，切碎。❷将浸泡好的黄豆和西芹、红枣一起放入豆浆机的杯体中，添加清水至上下水位线之间，启动机器，煮至豆浆机提示西芹红枣豆浆做好。❸将打出的西芹红枣豆浆过滤后，按个人口味趁热添加适量白糖或冰糖调味，不宜吃糖的患者，可用蜂蜜代替。不喜甜者也可不加糖。

 患有严重肾病、痛风、消化性溃疡者、有宿疾者、脾胃虚寒者禁食西芹红枣豆浆。

【养生功效】通便、降低胆固醇

青葱燕麦豆浆

【材料】黄豆50克，燕麦米20克，大葱叶30克，盐、清水适量。

【做法】❶将黄豆洗净，在清水中浸泡6～8小时；燕麦米，用清水浸泡2小时；葱叶洗净切碎。❷将食材一起放入豆浆机，加水煮至豆浆做好。❸过滤后，加入盐调味即可饮用。

 葱可以帮助身体机能的恢复，贫血、低血压、怕冷的人，应多吃正月葱，可以充分补给热量。眼睛容易疲劳、出血、失眠和神经衰弱不安定的人，只有正月可以吃葱，过了正月，葱因为刺激性强，会将体内的营养素消除，所以此类人群吃葱的机会1年只有1次，要抓住最好的机会吃葱。

【养生功效】富含蛋白质和膳食纤维

糙米花生豆浆

【材料】糙米30克，花生20克，黄豆50克，清水、白糖或冰糖适量。

【做法】❶将黄豆清洗干净后，在清水中浸泡6～8小时，泡至发软备用；糙米淘洗干净，用清水浸泡2小时；花生去皮。❷将浸泡好的黄豆和糙米、花生一起放入豆浆机的杯体中，并加水至上下水位线之间，启动机器，煮至豆浆机提示糙米花生豆浆做好。❸过滤后，按个人口味趁热往豆浆中添加适量白糖或冰糖调味，患有糖尿病、高血压、高血脂等不宜吃糖的患者，可用蜂蜜代替。不喜甜者也可不加糖。

 也可以去掉黄豆，并加大糙米和花生的用量，这样打出来的米浆不用过滤，喝起来香浓滑爽也很美味。

黄瓜玫瑰豆浆

【材料】 黄豆 50 克，黄瓜 20 克，玫瑰 3 克，清水、白糖或冰糖适量。

【做法】 ❶将黄豆洗净，在清水中浸泡 6 ~ 8 小时；黄瓜洗净后切成小丁；玫瑰花用清水洗净。❷将食材一起放入豆浆机，加水煮至豆浆机提示黄瓜玫瑰豆浆做好。❸将打出的黄瓜玫瑰豆浆过滤后，按个人口味趁热添加适量白糖或冰糖调味，不宜吃糖的患者，可用蜂蜜代替。不喜甜者也可不加糖。

贴士 黄瓜性凉，慢性支气管炎、结肠炎、胃溃疡病等属虚寒者宜少食黄瓜玫瑰豆浆。玫瑰花只用花瓣，不要花蒂。

【养生功效】静心安神，预防苦夏

绿桑百合豆浆

【材料】 黄豆 60 克，绿豆 20 克，桑叶 2 克，干百合 20 克，清水、白糖或冰糖适量。

【做法】 ❶将黄豆、绿豆清洗干净后，在清水中浸泡 6 ~ 8 小时；百合清洗干净后略泡；桑叶洗净，切碎待用。❷将食材一起放入豆浆机，加水煮至豆浆做好。❸过滤后，按个人口味趁热添加适量白糖或冰糖调味，不宜吃糖的患者，可用蜂蜜代替。不喜甜者也可不加糖。

贴士 绿豆、桑叶、百合皆性凉，所以脾胃虚弱、体弱消瘦或夜多小便者不宜食用。

【养生功效】祛除夏日暑气

绿茶米豆浆

【材料】 黄豆 50 克，大米 40 克，绿茶 10 克，清水、白糖或冰糖适量。

【做法】 ❶将黄豆清洗干净后，在清水中浸泡 6 ~ 8 小时，泡至发软备用；大米清洗干净后，用清水浸泡 2 小时；绿茶用开水泡好。❷将浸泡好的黄豆和大米一起放入豆浆机的杯体中，添加清水至上下水位线之间，启动机器，煮至豆浆机提示豆浆做好。❸过滤后，倒入绿茶即可。再按个人口味趁热添加适量白糖或冰糖调味。

贴士 绿茶，又称不发酵茶，是以茶树新梢为原料，经杀青、揉捻、干燥等典型工艺过程制成的茶叶。其干茶色泽和冲泡后的茶汤、叶底以绿色为主调，故名。

【养生功效】清热生津

夏季豆浆

【养生功效】降温降湿清凉｜夏

清凉冰豆浆

【材料】黄豆 100 克，清水、白糖或冰糖适量。

【做法】❶将黄豆清洗干净后，在清水中浸泡 6 ~ 8 小时，泡至发软。❷将浸泡好的黄豆放入豆浆机的杯体中，添加清水至上下水位线之间，启动机器，煮至豆浆机提示豆浆做好。❸将打出的豆浆过滤后，按个人口味趁热添加适量白糖或冰糖调味，然后放入冰箱中冷藏即可。

贴士　冰豆浆最好不要空腹饮用，而且即便是在夏天也不宜过多饮用，否则会刺激到肠胃，长此以往，肠胃损伤严重，可能会引起慢性腹泻等病。

【养生功效】清热解暑佳品

荷叶绿茶豆浆

【材料】荷叶 10 克，绿茶 10 克，黄豆 50 克，清水、白糖或冰糖适量。

【做法】❶将黄豆清洗干净后，在清水中浸泡 6 ~ 8 小时，泡至发软备用；荷叶洗净，切碎；绿茶用开水泡好。❷将浸泡好的黄豆和荷叶一起放入豆浆机的杯体中，添加清水至上下水位线之间，启动机器，煮至豆浆机提示豆浆做好。❸将打出的豆浆过滤后，倒入绿茶即可。然后可按个人口味趁热添加适量白糖或冰糖调味，不宜吃糖的患者，可用蜂蜜代替。

贴士　体质偏凉的人不宜饮用荷叶绿茶豆浆。

【养生功效】消暑解渴

西瓜红豆豆浆

【材料】西瓜 50 克，红豆 50 克，黄豆 30 克，清水、白糖或冰糖适量。

【做法】❶将红豆、黄豆清洗干净后，在清水中浸泡 6 ~ 8 小时，泡至发软备用；西瓜去皮、去籽后将瓜瓤切成碎丁。❷将浸泡好的红豆、黄豆和西瓜丁一起放入豆浆机的杯体中，添加清水至上下水位线之间，启动机器，煮至豆浆机提示西瓜红豆豆浆做好。❸将打出的西瓜红豆豆浆过滤后，按个人口味趁热添加适量白糖或冰糖调味，不宜吃糖的患者，可用蜂蜜代替。

贴士　饮用西瓜红豆豆浆时不宜同时吃咸味较重的食物，不然会削减红豆利尿的功效。

夏季豆浆

哈蜜瓜绿豆豆浆

【材料】哈蜜瓜 40 克，绿豆 30 克，黄豆 30 克，清水、白糖适量。

【做法】❶将黄豆、绿豆清洗干净后，在清水中浸泡 6 ~ 8 小时，泡至发软备用；哈蜜瓜去皮、去籽后，切成小碎丁。❷将浸泡好的黄豆、绿豆和哈蜜瓜一起放入豆浆机的杯体中，添加清水至上下水位线之间，启动机器，煮至豆浆机提示哈蜜瓜绿豆豆浆做好。❸将打出的过滤后，按个人口味趁热添加适量白糖或冰糖调味。

 【贴士】哈蜜瓜性凉，制作豆浆时不宜放得过多，以免引起腹泻；患有脚气病、黄疸、腹胀、便溏、寒性咳喘以及产后、病后的人不宜过多饮用这款豆浆。

【养生功效】解暑除烦热

菊花绿豆浆

【材料】菊花 20 克，绿豆 80 克，清水、白糖或冰糖适量。

【做法】❶将绿豆清洗干净后，在清水中浸泡 6 ~ 8 小时，泡至发软备用；菊花清洗干净后备用。❷将浸泡好的绿豆和菊花一起放入豆浆机的杯体中，添加清水至上下水位线之间，启动机器，煮至豆浆机提示菊花绿豆浆做好。❸将打出的菊花绿豆浆过滤后，按个人口味趁热添加适量白糖或冰糖调味，不宜吃糖的患者，可用蜂蜜代替。

 【贴士】菊花也是一种中药，不可滥用。菊花可以引起严重过敏性结膜炎，曾经有过枯草热性结膜炎病史的人不宜饮用这款豆浆，否则容易引起过敏反应。阳虚体质者、脾胃虚寒者也不宜过多饮用。

【养生功效】清热解毒

消暑二豆饮

【材料】黄豆 60 克，绿豆 40 克，清水、白糖或冰糖适量。

【做法】❶将黄豆、绿豆清洗干净后，在清水中浸泡 6 ~ 8 小时，泡至发软备用。❷将浸泡好的黄豆、绿豆一起放入豆浆机的杯体中，添加清水至上下水位线之间，启动机器，煮至豆浆机提示豆浆做好。❸将打出的豆浆过滤后，按个人口味趁热添加适量白糖或冰糖调味，之后放入冰箱中稍微冷藏后即可饮用。

 【贴士】绿豆性凉，脾胃虚弱的人不宜多吃。服药特别是服温补药时不要吃绿豆，以免降低药效。未煮烂的绿豆腥味强烈，食后易恶心、呕吐。

【养生功效】消暑止渴、清热败火

秋季豆浆

【养生功效】滋阴润肺

木瓜银耳豆浆

【材料】 木瓜1个，银耳20克，黄豆50克，清水、白糖或冰糖适量。

【做法】 ❶ 将黄豆清洗干净后，在清水中浸泡6～8小时，泡至发软备用；木瓜去皮后洗干净，并切成小碎丁；银耳洗净，切碎。❷ 将浸泡好的黄豆和木瓜、银耳一起放入豆浆机的杯体中，添加清水至上下水位线之间，启动机器，煮至豆浆机提示木瓜银耳豆浆做好。❸ 将打出的木瓜银耳豆浆过滤后，按个人口味趁热添加适量白糖或冰糖调味，不宜吃糖的患者，可用蜂蜜代替。也可不加糖。

【贴士】 孕妇、过敏体质人士不宜食用木瓜银耳豆浆。银耳能清肺热，故外感风寒者忌食。

【养生功效】益气养血滋补身体

枸杞小米豆浆

【材料】 小米40克，黄豆50克，枸杞5粒，清水、白糖或冰糖各适量。

【做法】 ❶ 将黄豆清洗干净后，在清水中浸泡6～8小时，泡至发软备用；枸杞洗干净后，用温水泡开；小米淘洗干净。❷ 将浸泡好的黄豆、枸杞、小米一起放入豆浆机的杯体中，添加清水至上下水位线之间，启动机器，煮至豆浆机提示枸杞小米豆浆做好。❸ 将打出的枸杞小米豆浆过滤后，按个人口味趁热往豆浆中添加适量白糖或冰糖调味，患有不宜吃糖的患者，可用蜂蜜代替。

【贴士】 气滞者、素体虚寒、小便清长者都不宜多食枸杞小米豆浆。

【养生功效】生津止渴

苹果柠檬豆浆

【材料】 苹果1个，柠檬半个，黄豆70克，清水、白糖或冰糖适量。

【做法】 ❶ 将黄豆清洗干净后，在清水中浸泡6～8小时，泡至发软备用；苹果清洗后，去皮去核，并切成小碎丁。柠檬挤汁备用。❷ 将浸泡好的黄豆和苹果一起放入豆浆机的杯体中，添加清水至上下水位线之间，启动机器，煮至豆浆机提示豆浆做好。❸ 将打出的豆浆过滤后，挤入柠檬汁，再按个人口味趁热添加适量白糖或冰糖调味即可。

【贴士】 白细胞减少症的病人、前列腺肥大的病人均不宜食用苹果柠檬豆浆，以免使症状加重或影响治疗结果。冠心病、心肌梗死、肾病慎食苹果柠檬豆浆。患有糖尿病的人忌食，肥胖之人也不宜多食。

绿桑百合柠檬豆浆

【材料】黄豆80克，绿豆35克，桑叶2克，干百合20克，柠檬1块，清水适量。

【做法】❶将黄豆、绿豆清洗干净后，在清水中浸泡6～8小时，泡至发软备用；百合清洗干净后略泡；桑叶洗净，切碎待用；柠檬榨汁备用。❷将上述食材一起放入豆浆机，加水煮至豆浆机提示绿桑百合柠檬豆浆做好。❸过滤后，挤入柠檬汁即可饮用。

贴士 绿豆为豆科植物绿豆的荚壳内之圆形绿色种子。其种皮即绿豆衣，亦可作为药用。绿豆以颗粒均匀饱满、色绿，煮之易酥的为佳。

【养生功效】清润安神，滋阴润燥

南瓜二豆浆

【材料】南瓜50克，绿豆20克，黄豆30克，清水适量。

【做法】❶将黄豆、绿豆清洗干净后，在清水中浸泡6～8小时，泡至发软备用；南瓜去皮，洗净后切成小碎丁。❷将浸泡好的黄豆、绿豆同南瓜丁一起放入豆浆机的杯体中，添加清水至上下水位线之间，启动机器，煮至豆浆机提示南瓜二豆浆做好。❸将打出的南瓜二豆浆过滤后即可饮用。

贴士 南瓜含糖分较高，不宜久存，削皮后放置太久的话，瓜瓤便会自然无氧酵解，产生酒味，在制作豆浆时一定不要选用这样的南瓜，否则便有可能引起中毒。

【养生功效】降血压、降血脂

糙米山楂豆浆

【材料】山楂20克，糙米30克，黄豆50克，清水、白糖或冰糖适量。

【做法】❶将黄豆清洗干净后，在清水中浸泡6～8小时，泡至发软备用；糙米淘洗干净，用清水浸泡2小时；山楂清洗后去核，并切成小碎丁。❷将浸泡好的黄豆和糙米、山楂一起放入豆浆机的杯体中，添加清水至上下水位线之间，启动机器，煮至豆浆机提示糙米山楂豆浆做好。❸过滤后，按个人口味趁热添加适量白糖或冰糖调味。

贴士 山楂可促进胃酸的分泌，因此不宜空腹食用。山楂中的酸性物质对牙齿具有一定的腐蚀性，食用后要注意及时漱口、刷牙，正处在牙齿更替期的儿童更应格外注意。

【养生功效】消食、益胃

花生百合莲子豆浆

【养生功效】清火滋阴

【材料】花生 30 克，干百合 10 克，莲子 10 克，黄豆 50 克，清水、白糖或冰糖适量。

【做法】❶将黄豆清洗干净后，在清水中浸泡 6 ~ 8 小时，泡至发软备用；干百合和莲子清洗干净后略泡；花生去皮后碾碎。❷将浸泡好的黄豆、百合、莲子、花生一起放入豆浆机的杯体中，添加清水至上下水位线之间，启动机器，煮至豆浆机提示花生百合莲子豆浆做好。❸过滤后，按个人口味趁热添加适量白糖或冰糖调味。

【贴士】网罩中的渣可加白糖制成豆沙，爽脆可口。

红枣红豆浆

【养生功效】益气养血、宁心安神

【材料】红豆 100 克，红枣 3 个，清水、白糖或冰糖适量。

【做法】❶将红豆清洗干净后，在清水中浸泡 6 ~ 8 小时，泡至发软备用；红枣洗干净后，用温水泡开。❷将浸泡好的红豆和红枣一起放入豆浆机的杯体中，加水至上下水位线之间，启动机器，煮至豆浆机提示红枣红豆浆做好。❸过滤后，按个人口味趁热往豆浆中添加适量白糖或冰糖调味，不宜吃糖的患者，可用蜂蜜代替。

【贴士】豆皮是较难消化的东西，其豆类纤维易在肠道发生产气现象。因此肠胃较弱的人，在食用红豆后，会有胀气等不适感，制作时需要将豆皮去掉。

龙井豆浆

【养生功效】清新口感来提神

【材料】龙井 10 克，黄豆 80 克，清水适量。

【做法】❶将黄豆清洗干净后，在清水中浸泡 6 ~ 8 小时，泡至发软备用；龙井用开水泡好。❷将浸泡好的黄豆放入豆浆机的杯体中，添加清水至上下水位线之间，启动机器，煮至豆浆机提示豆浆做好。❸将打出的豆浆过滤后，兑入龙井茶即可。

【贴士】龙井茶味道清香，假冒龙井茶则多是青草味，夹蒂较多，手感不光滑。

莲子红枣糯米豆浆

【材料】 红枣、莲子各 15 克，糯米 20 克，黄豆 50 克、清水适量。

【做法】 ❶ 将黄豆洗净，在清水中浸泡 6 ~ 8 小时；红枣去核，切碎；莲子清洗干净后略泡；糯米淘洗干净，用清水浸泡 2 小时。❷ 将上述食材一起放入豆浆机，加水煮至豆浆做好。❸ 过滤后即可饮用。

贴士 新鲜的莲子可以用来生吃，清香可口，剥的时候可以将莲心留下来泡绿茶一起喝。莲蓬也不要随便丢弃，莲蓬有一股特别的荷香气，做饭时在快熟的时候把莲蓬放在饭面上，米饭吃起来会更香，别有一番风味。

【养生功效】 温补脾胃，祛除寒冷

冬季豆浆

糯米枸杞豆浆

【材料】 黄豆 80 克，糯米 20 克，枸杞 5 ~ 7 粒，清水、白糖或冰糖各适量。

【做法】 ❶ 将黄豆清洗干净后，在清水中浸泡 6 ~ 8 小时，泡至发软备用；枸杞洗干净后，用温水泡开；糯米淘洗干净，用清水浸泡 2 小时。❷ 将浸泡好的黄豆、糯米和枸杞一起放入豆浆机的杯体中，添加清水至上下水位线之间，启动机器，煮至豆浆机提示糯米枸杞豆浆做好。❸ 将打出的糯米枸杞豆浆过滤后，按个人口味趁热往豆浆中添加适量白糖或冰糖调味，患有不宜吃糖的患者，可用蜂蜜代替。

【养生功效】 暖身体、增强免疫能力

红糖薏米豆浆

【材料】 黄豆 50 克，薏米 40 克，清水、红糖适量。

【做法】 ❶ 将黄豆清洗干净后，在清水中浸泡 6 ~ 8 小时，泡至发软备用；薏米淘洗干净，用清水浸泡 2 小时。❷ 将浸泡好的黄豆、薏米一起放入豆浆机的杯体中，添加清水至上下水位线之间，启动机器，煮至豆浆机提示豆浆做好。❸ 将打出的豆浆过滤后，按个人口味趁热添加适量红糖调味即可饮用。

【养生功效】 活血散瘀、温经散寒

贴士 糖尿病患者饮用时不宜加红糖或蜂蜜。

冬季豆浆

〔养生功效〕和血润肠、温补功效明显

杏仁松子豆浆

【材料】 黄豆 70 克，杏仁 20 克，松子 10 克，清水、白糖或冰糖适量。

【做法】 ❶ 将黄豆清洗干净后，在清水中浸泡 6 ～ 8 小时，泡至发软备用；杏仁洗净，泡软；松子洗净，泡软，碾碎。❷ 将浸泡好的黄豆、杏仁和松子一起放入豆浆机的杯体中，添加清水至上下水位线之间，启动机器，煮至豆浆机提示杏仁松子豆浆做好。❸ 将打出的杏仁松子豆浆过滤后，按个人口味趁热添加适量白糖或冰糖调味，不宜吃糖的患者，可用蜂蜜代替。不喜甜者也可不加糖。

(贴士) 松子存放时间长了会产生"油哈喇"味，不宜食用。

〔养生功效〕适合冬季暖胃

姜汁黑豆浆

【材料】 黑豆 100 克，生姜 1 块，清水、白糖或冰糖适量。

【做法】 ❶ 将黑豆清洗干净后，在清水中浸泡 6 ～ 8 小时，泡至发软备用；生姜切成小块，用压蒜器挤出姜汁待用。❷ 将浸泡好的黑豆放入豆浆机的杯体中，倒入姜汁，再添加清水至上下水位线之间，启动机器，煮至豆浆机提示姜汁黑豆浆做好。❸ 将打出的姜汁黑豆浆过滤后，按个人口味趁热添加适量白糖或冰糖调味，不宜吃糖的患者，可用蜂蜜代替。不喜甜者也可不加糖。

(贴士) 提前挤出姜汁可以避免姜渣混在豆渣中，再加工豆渣时影响口感。如果觉得麻烦也可以把姜切块后直接放入豆浆机或者搅拌机中。

〔养生功效〕生津润燥、暖胃解腻

荸荠雪梨黑豆浆

【材料】 荸荠 30 克，雪梨 1 个，黑豆 50 克，清水、白糖或冰糖适量。

【做法】 ❶ 将黑豆清洗干净后，在清水中浸泡 6 ～ 8 小时，泡至发软备用；荸荠去皮，洗净，切成小块；雪梨洗净，去皮，去核，切碎。❷ 将浸泡好的黑豆和荸荠、雪梨一起放入豆浆机的杯体中，添加清水至上下水位线之间，启动机器，煮至豆浆机提示荸荠雪梨黑豆浆做好。❸ 将打出的荸荠雪梨黑豆浆过滤后，按个人口味趁热添加适量白糖或冰糖调味，不宜吃糖的患者，可用蜂蜜代替，也可不加糖。

(贴士) 荸荠不宜生吃，因为荸荠生长在泥中，外皮和内部都有可能附着较多的细菌和寄生虫，所以一定要洗净煮透后方可食用。

第七篇

豆浆食疗方——既能祛病又饱口福

【养生功效】预防高血压

薏米青豆黑豆浆

【材料】 黑豆60克，青豆20克，薏米20克，清水、白糖或冰糖适量。

【做法】 ❶将黑豆、青豆清洗干净后，在清水中浸泡6～8小时；薏米用清水浸泡2小时。❷将浸泡好的黑豆、青豆和薏米一起放入豆浆机，加水煮至豆浆做好。❸过滤后，按个人口味趁热添加适量白糖或冰糖调味，不宜吃糖的患者，可用蜂蜜代替。不喜甜者也可不加糖。

贴士 脾胃虚弱的小儿、老人、久病体虚人群不宜多食此豆浆。患有脑炎、中风、呼吸系统疾病、消化系统疾病传染性疾病以及肾病患者不宜食用。腹泻者勿食用。

【养生功效】降血压

西芹黑豆浆

【材料】 西芹30克，黑豆70克，清水适量。

【做法】 ❶将黑豆清洗干净后，在清水中浸泡6～8小时，泡至发软备用；西芹择洗干净后，切成碎丁。❷将浸泡好的黑豆同西芹丁一起放入豆浆机的杯体中，添加清水至上下水位线之间，启动机器，煮至豆浆机提示西芹黑豆浆做好。❸将打出的西芹黑豆浆过滤后即可饮用。

贴士 西芹会抑制男性激素的生成，所以年轻的男性朋友应少饮西芹黑豆浆。

【养生功效】防治心血管疾病

芸豆蚕豆浆

【材料】 芸豆50克，蚕豆50克，白糖或冰糖、清水适量。

【做法】 ❶将芸豆和蚕豆清洗干净后，在清水中浸泡6～8小时，泡至发软。❷将浸泡好的芸豆和蚕豆一起放入豆浆机的杯体中，并加水至上下水位线之间，启动机器，煮至豆浆机提示芸豆蚕豆浆做好。❸过滤后，按个人口味趁热往豆浆中添加适量白糖或冰糖调味，患有糖尿病、高血压、高血脂等不宜吃糖的患者，可用蜂蜜代替。不喜甜者也可不加糖。

贴士 芸豆不宜生食，因为芸豆生吃会产生毒素，导致腹泻、呕吐等现象，必须煮透才能食用。芸豆在消化吸收过程中会产生过多的气体，造成胀肚。故消化功能不良、有慢性消化道疾病的人应尽量少食。

荞麦薏米红豆浆

【材料】 红小豆 50 克，荞麦、薏米各 20 克，清水适量。

【做法】 ❶将红小豆清洗干净后，在清水中浸泡 6～8 小时，泡至发软备用；薏米和荞麦淘洗干净，用清水浸泡 2 小时。❷将浸泡好的红小豆、薏米、荞麦一起放入豆浆机的杯体中，添加清水至上下水位线之间，启动机器，煮至豆浆机提示荞麦薏米红豆浆做好。❸将打出的荞麦薏米红豆浆过滤，待凉至温热后即可饮用。

贴士 薏米和荞麦性微寒，虚寒体质者不宜长期食用，孕妇及经期妇女勿食用。

【养生功效】降血糖、缓解并发症

银耳南瓜豆浆

【材料】 银耳 20 克，南瓜 30 克，黄豆 50 克，清水适量。

【做法】 ❶将黄豆清洗干净后，在清水中浸泡 6～8 小时，泡至发软备用；银耳用清水泡发，洗净，切碎；南瓜去皮，洗净后切成小碎丁。❷将浸泡好的黄豆和银耳、南瓜丁一起放入豆浆机的杯体中，添加清水至上下水位线之间，启动机器，煮至豆浆机提示银耳南瓜豆浆做好。❸将打出的银耳南瓜豆浆过滤，待凉至温热后即可饮用。

贴士 高血糖患者不宜在睡前食用这款豆浆，以免令血黏度增高。

【养生功效】降低血糖、预防多种并发症

紫菜山药豆浆

【材料】 山药 30 克，紫菜 20 克，黄豆 50 克，清水适量。

【做法】 ❶将黄豆清洗干净后，在清水中浸泡 6～8 小时，泡至发软备用；紫菜洗干净；山药去皮后切成小丁，下入开水中灼烫，捞出沥干。❷将浸泡好的黄豆、洗净的紫菜和山药丁一起放入豆浆机的杯体中，添加清水至上下水位线之间，启动机器，煮至豆浆机提示紫菜山药豆浆做好。❸将打出的紫菜山药豆浆过滤后，按个人口味趁热添加适量盐调味即可饮用。

贴士 去皮后的山药可以暂时放入冷水中，并在水中加入少量的醋，这样可以防止山药因为氧化而变黑。

【养生功效】帮助降血糖

咳嗽、哮喘

【养生功效】改善咳嗽痰多的症状

大米小米豆浆

【材料】 大米 30 克，陈小米 20 克，黄豆 50 克，清水、白糖或冰糖适量。

【做法】 ❶将黄豆清洗干净后，在清水中浸泡 6 ~ 8 小时，泡至发软备用；大米、小米淘洗干净，用清水浸泡 2 小时。❷将食材放入豆浆机，加水煮至豆浆做好。❸过滤后，按个人口味趁热添加适量白糖或冰糖调味，不宜吃糖的患者，可用蜂蜜代替。不喜甜者也可不加糖。

 大米虽有一定的食疗作用，但不宜长期食用精米而对糙米不闻不问。因为精米在加工时会损失大量养分，长期食用会导致营养缺乏。

【养生功效】缓解肺燥咳嗽

银耳百合豆浆

【材料】 银耳 20 克，干百合 20 克，黄豆 50 克，清水、白糖或冰糖适量。

【做法】 ❶将黄豆清洗干净后，在清水中浸泡 6 ~ 8 小时；银耳用清水泡发，切碎；干百合清洗干净后略泡。❷将食材放入豆浆机，添加清水至上下水位线之间，启动机器，煮至豆浆机提示银耳百合豆浆做好。❸过滤后，按个人口味趁热添加适量白糖或冰糖调味，不宜吃糖的患者，可用蜂蜜代替。不喜甜者也可不加糖。

 秋季天气干燥，人更容易因为外界的天气出现肺燥和肺热咳嗽，所以这款豆浆很适合在秋季饮用。

【养生功效】适合干咳症状

银耳雪梨豆浆

【材料】 银耳 20 克，雪梨半个，黄豆 50 克，清水、白糖或冰糖适量。

【做法】 ❶将黄豆清洗干净后，在清水中泡至发软备用；银耳用清水泡发，洗净，切碎；雪梨清洗后，去皮去核，并切成小碎丁。❷将食材放入豆浆机的杯体中，添加清水至上下水位线之间，启动机器，煮至豆浆机提示银耳雪梨豆浆做好。❸将打出的银耳雪梨豆浆过滤后，按个人口味趁热添加适量白糖或冰糖调味。

 银耳能清肺热，故外感风寒者忌用。发好的银耳应一次用完，剩余的不宜放在冰箱中冷藏，否则银耳易碎，会造成营养成分大量流失。

豌豆小米青豆浆

【材料】豌豆50克，小米20克，青豆30克，清水、白糖或冰糖适量。

【做法】❶将青豆、豌豆清洗干净后，在清水中浸泡6～8小时，泡至发软备用；小米淘洗干净，用清水浸泡2小时。❷将浸泡好的青豆、豌豆和小米一起放入豆浆机的杯体中，添加清水至上下水位线之间，启动机器，煮至豆浆机提示豌豆小米青豆浆做好。❸将打出的豌豆小米青豆浆过滤后，按个人口味趁热添加适量白糖或冰糖调味，不宜吃糖的患者，可用蜂蜜代替。不喜甜者也可不加糖。

【养生功效】减少咳嗽、哮喘

 慢性胰腺炎、糖尿病患者要慎饮此款豆浆。

菊花枸杞豆浆

【材料】干菊花20克，枸杞子10克，黄豆70克，清水、白糖或冰糖适量。

【做法】❶将黄豆清洗干净后，在清水中浸泡6～8小时，泡至发软备用；干菊花清洗干净后备用；枸杞洗净，用清水泡发。❷将浸泡好的黄豆、枸杞和菊花一起放入豆浆机的杯体中，添加清水至上下水位线之间，启动机器，煮至豆浆机提示菊花枸杞豆浆做好。❸过滤后，按个人口味趁热添加适量白糖或冰糖调味，不宜吃糖的患者，可用蜂蜜代替。

【养生功效】辅助治疗哮喘的佳品

 菊花性凉，虚寒体质，平时怕冷、易手脚发凉的人不宜经常饮用这款豆浆。

百合莲子银耳绿豆浆

【材料】干百合20克，莲子20克，银耳20克，绿豆50克，清水、白糖或冰糖适量。

【做法】❶将绿豆清洗干净后，在清水中浸泡4～6小时，泡至发软备用；干百合和莲子清洗干净后略泡；银耳洗净，切碎。❷将浸泡好的绿豆、百合、莲子和银耳一起放入豆浆机的杯体中，添加清水至上下水位线之间，启动机器，煮至豆浆机提示百合莲子银耳绿豆浆做好。❸过滤后，按个人口味趁热添加适量白糖或冰糖调味。

【养生功效】清肺润燥、止咳消炎

 脾胃虚寒易泄者不宜饮用百合莲子银耳绿豆浆。

【鼻炎】

〔养生功效〕增强抵抗力，丢掉鼻炎

红枣山药糯米豆浆

【材料】红枣 10 克，山药 20 克，糯米 20 克，黄豆 50 克，清水、白糖或冰糖适量。

【做法】❶将黄豆清洗干净后，在清水中浸泡 6～8 小时；红枣用温水泡开；山药去皮后切成小丁，下入开水中焯烫，捞出沥干；糯米淘洗干净，用清水浸泡 2 小时。❷将食材放入豆浆机的杯体中，加水至上下水位线之间，启动机器，煮至豆浆机提示红枣山药糯米豆浆做好。❸过滤后，按个人口味趁热往豆浆中添加适量白糖或冰糖调味。

【贴士】山药一般要选择茎干笔直、粗壮，拿到手中有一定分量的。如果是切好的山药，则要选择切开处呈白色的。

〔养生功效〕缓解过敏性鼻炎

洋甘菊豆浆

【材料】洋甘菊 20 克，黄豆 80 克，清水、白糖或冰糖适量。

【做法】❶将黄豆清洗干净后，在清水中浸泡 6～8 小时，泡至发软备用；洋甘菊清洗干净后备用。❷将浸泡好的黄豆和洋甘菊一起放入豆浆机的杯体中，添加清水至上下水位线之间，启动机器，煮至豆浆机提示洋甘菊豆浆做好。❸将打出的洋甘菊豆浆过滤后，按个人口味趁热添加适量白糖或冰糖调味，不宜吃糖的患者，可用蜂蜜代替。

【贴士】女性应注意勿过量食用，因为洋甘菊有通经效果，孕妇避免食用。

〔养生功效〕抑制鼻炎复发

白萝卜糯米豆浆

【材料】白萝卜 30 克，糯米 20 克，黄豆 50 克，清水适量。

【做法】❶将黄豆清洗干净后，在清水中浸泡 6～8 小时，泡至发软备用；白萝卜去皮后切成小丁，下入开水中略焯，捞出后沥干；糯米淘洗干净，用清水浸泡 2 小时。❷将浸泡好的黄豆、糯米同白萝卜丁一起放入豆浆机的杯体中，添加清水至上下水位线之间，启动机器，煮至豆浆机提示白萝卜糯米豆浆做好。❸将打出的白萝卜糯米豆浆过滤后即可饮用。

【贴士】脾胃虚弱者，如大便稀者，应减少饮用这款豆浆。另外，在服用参类滋补药时忌食该品，以免影响疗效。

苹果香蕉豆浆

【材料】 苹果 1 个，香蕉 1 根，黄豆 50 克，清水、白糖或冰糖适量。

【做法】 ❶将黄豆洗净，在水中泡至发软备用；苹果清洗后，去皮去核，并切成小碎丁；香蕉去皮后，切成碎丁。❷将食材放入豆浆机，加水煮至豆浆做好。❸将打出的苹果香蕉豆浆过滤后，按个人口味趁热添加适量白糖或冰糖调味，不宜吃糖的患者，可用蜂蜜代替。

制作苹果香蕉豆浆时，不要选用未成熟的香蕉，因为未成熟的香蕉含有大量淀粉、果胶和鞣酸。鞣酸比较难溶，有很强的收敛作用，会抑制胃肠液分泌并抑制其蠕动。如摄入过多尚未熟透且肉质发硬的香蕉，就会引起便秘或加重便秘。

【养生功效】改善便秘

玉米小米豆浆

【材料】 玉米渣 25 克，小米 25 克，黄豆 50 克，清水、白糖适量。

【做法】 ❶将黄豆清洗干净后，在清水中浸泡 6～8 小时，泡至发软备用；玉米渣和小米淘洗干净，用清水浸泡 2 小时。❷将浸泡好的黄豆、玉米渣和小米一起放入豆浆机的杯体中，添加清水至上下水位线之间，启动机器，煮至豆浆机提示玉米小米豆浆做好。❸将打出的玉米小米豆浆过滤后，按个人口味趁热添加适量白糖调味，不宜吃糖的患者，可用蜂蜜代替。不喜甜者也可不加糖。

玉米渣也可以换成玉米粒，用刀切下新鲜的玉米粒，清洗后就可以同黄豆和小米一起放入豆浆机中。

【养生功效】有助消化、吸收

黑芝麻花生豆浆

【材料】 黑芝麻 20 克，花生 30 克，黄豆 50 克，清水、蜂蜜适量。

【做法】 ❶将黄豆清洗干净后，在清水中浸泡 6～8 小时；花生去皮；黑芝麻淘去沙粒。❷将浸泡好的黄豆和花生、黑芝麻一起放入豆浆机的杯体中，添加清水至上下水位线之间，启动机器，煮至豆浆机提示黑芝麻花生豆浆做好。❸过滤，待稍凉后按个人口味添加适量蜂蜜。

花生属高脂肪、高热能食物，因此一次不宜多吃。花生中包含的油脂成分具有缓泻作用，需要较多的胆汁来消化，所以，高血压病人如有脾虚便溏、患急性肠炎与痢疾者，及胆囊切除者，均不宜常食这款豆浆。

【养生功效】润肠通便

胃病

【养生功效】养护脾胃

大米南瓜豆浆

【材料】 南瓜 30 克，大米 20 克，黄豆 50 克，清水适量。

【做法】 ❶将黄豆清洗干净后，在清水中浸泡 6 ~ 8 小时，泡至发软备用；南瓜去皮，洗净后切成小碎丁；大米淘洗干净，用清水浸泡 2 小时。❷将浸泡好的黄豆、大米同南瓜丁一起放入豆浆机的杯体中，添加清水至上下水位线之间，启动机器，煮至豆浆机提示大米南瓜浆做好。❸将打出的大米南瓜豆浆过滤后即可饮用。

（贴士） 豆浆过滤时，因为南瓜的絮状肉会影响出浆，可用筷子搅拌。过滤物可以加面粉、葛粉、鸡蛋制成松软可口的烙饼。

【养生功效】养胃去积

红薯大米豆浆

【材料】 红薯 30 克，大米 20 克，黄豆 50 克，清水适量。

【做法】 ❶将黄豆清洗干净后，在清水中浸泡 6 ~ 8 小时，泡至发软备用；红薯去皮、洗净，之后切成小碎丁；大米淘洗干净，用清水浸泡 2 小时。❷将浸泡好的黄豆、大米和切好的红薯丁一起放入豆浆机的杯体中，添加清水至上下水位线之间，启动机器，煮至豆浆机提示红薯大米豆浆做好。❸将打出的红薯大米豆浆过滤后即可饮用。

（贴士） 红薯在胃中产生酸，所以胃溃疡及胃酸过多的人不宜饮用这款豆浆。

【养生功效】温补脾胃

莲藕枸杞豆浆

【材料】 莲藕 40 克，枸杞 10 克，黄豆 50 克，清水、白糖适量。

【做法】 ❶将黄豆清洗干净后，在清水中浸泡 6 ~ 8 小时，泡至发软备用；枸杞洗干净后，用温水泡开；莲藕去皮后切成小丁，下入开水中略焯，捞出后沥干。❷将浸泡好的黄豆、枸杞和切好的莲藕一起放入豆浆机，加水煮至豆浆做好。❸过滤后，按个人口味趁热往豆浆中添加适量白糖或冰糖调味，不宜吃糖的患者，可用蜂蜜代替。

（贴士） 虽然莲藕能够健脾益胃，但是脾胃消化功能低下、胃及十二指肠溃疡患者一定要忌食莲藕，大便溏泄者也尽量不要食用莲藕。

玉米葡萄豆浆

【材料】甜玉米20克，葡萄6粒，黄豆50克，清水、白糖或冰糖适量。

【做法】❶将黄豆洗净，在清水中浸泡6～8小时；用刀切下鲜玉米粒，清洗干净；葡萄去皮、去子。❷将浸泡好的黄豆同葡萄和玉米一起放入豆浆机的杯体中，添加清水至上下水位线之间，启动机器，煮至豆浆机提示玉米葡萄豆浆做好。❸将打出的玉米葡萄豆浆过滤后，按个人口味趁热添加适量白糖或冰糖调味即可饮用。

 这款豆浆不宜与水产品同时食用，间隔至少两个小时以上食用为宜。因为葡萄中的鞣酸容易与水产品中的钙质形成难以吸收的物质，影响健康。

【养生功效】预防脂肪肝

银耳山楂豆浆

【材料】山楂15克，银耳10克，黄豆50克，清水、白糖或冰糖适量。

【做法】❶将黄豆清洗干净后，在清水中浸泡6～8小时；山楂清洗后去核，并切成小碎丁；银耳用清水泡发，切碎。❷将食材放入豆浆机，加水煮至豆浆机提示银耳山楂豆浆做好。❸将打出的银耳山楂豆浆过滤后，按个人口味趁热添加适量白糖或冰糖调味，不宜吃糖的患者，可用蜂蜜代替。

 熟的银耳不宜放置时间过长，在细菌的分解作用下，其中所含的硝酸盐会还原成亚硝酸盐，对人体造成严重危害，所以，再美味的银耳食品，过夜后就不能食用了。

【养生功效】促进胆固醇转化

荷叶青豆豆浆

【材料】荷叶30克，青豆20克，黄豆50克，清水、白糖或冰糖适量。

【做法】❶将黄豆、青豆清洗干净后，在清水中浸泡6～8小时，泡至发软备用；荷叶清洗干净后撕成碎块。❷将浸泡好的黄豆、青豆与荷叶一起放入豆浆机的杯体中，添加清水至上下水位线之间，启动机器，煮至豆浆机提示荷叶青豆豆浆做好。❸将打出的荷叶青豆豆浆过滤后，按个人口味趁热添加适量白糖或冰糖调味，不宜吃糖的患者，可用蜂蜜代替。不喜甜者也可不加糖。

新鲜荷叶保存时，可以先将整张荷叶洗干净后，用保鲜膜包好冷冻起来。

【养生功效】预防脂肪在肝脏堆积